流光溢彩的中华民俗文化

趣味实用的节气农谚

流光溢彩的中华民俗文化

趣味实用的节气农谚

吉林出版集团股份有限公司 | 全国百佳图书出版单位

前言

在渊远流长的中国历史文化长河里，非物质文化遗产犹如一颗璀璨的明珠闪亮在世界的东方。这是一种摸不着看不到的文化，却通过世世代代口口相传的方式流传了下来，人们又对其进行了艺术加工，形成了今天多种多样的艺术形式。我们将这些非物质文化遗产汇集起来，取其精华中的精华，并对其深入挖掘和边缘探索，分门别类的编排出34本《流光溢彩的中华民俗文化》系列丛书，将我国最珍贵的非物质文化遗产图文并茂的呈现在读者面前。

二十四节气是中国劳动人民独创的文化遗产，它能反映季节的变化，指导农事活动，影响着千家万户的衣食住行。每个节气的到来，都预示着气候的变化，物象的交替。

由于两千年来，中国的主要政治活动中心多集中在黄河流域，二十四节气也就是以这一带的气候、物候为依据建立起来的。

从二十四节气的字面含义来看：立春、立夏、立秋、立冬——分别表示四季的开始。"立"即开始的意思。

夏至、冬至——表示夏天、冬天到了。"至"即到的意思。夏至日、冬至日一般在每年公历的6月21日和12月22日。

春分、秋分——表示昼夜长短相等。"分"即平分的意思。这两个节气一般在每年公历的3月20日和9月23日左右。

雨水——表示降水开始，雨量逐步增多。公历每年的2月18日前后为雨水。

惊蛰——春雷乍动，惊醒了蛰伏在土壤中冬眠的动物。这时气温回升较快，渐有春雷萌动。

清明——含有天气晴朗、空气清新明洁、逐渐转暖、草木繁茂之意。公历每年大约4月5日为清明。

谷雨——雨水增多，大大有利谷类作物的生长。公历每年4月20日前后为谷雨。 小满——其含义是夏熟作物的籽粒开始灌浆饱满，但还未成熟，只是小满，还未大满。

大约每年公历5月21日这天为小满。芒种——麦类等有芒作物成熟，夏种开始。每年的6月5日左右为芒种。

小暑、大暑、处暑——暑是炎热的意思。小暑还未达最热，大暑才是最热时节，处暑是暑天即将结束的日子。

白露——气温开始下降，天气转凉，早晨草木上有了露水。每年公历的9月7日前后是白露。

寒露——气温更低，空气已结露水，渐有寒意。这一天一般在每年的10月8日。

霜降——天气渐冷，开始有霜。霜降一般是在每年公历的10月23日。

小雪、大雪——开始降雪，小和大表示降雪的程度。小雪在每年公历11月22日，大雪则在12月7日左右。

小寒、大寒——天气进一步变冷，小寒还未达最冷，大寒为一年中最冷的时候。公历1月5日和该月的20日左右为小、大寒。

节气农谚是对一年中各节气特征的总结，也是普通老百姓根据历史变迁和节气物候的不断变化，在不同地区的实践、创造和积累的宝贵经验。

目录

目录

目录

目录

第七章 冬至来了，春天还会远吗？

第八章 大寒小寒又一年

第一章

二十四节气是我们祖先生产实践的产物

◆二十四节气歌

春雨惊春清谷天，夏满芒夏暑相连。

秋处露秋寒霜降，冬雪雪冬小大寒。

每月两节不变更，最多相差一两天。

上半年来六廿一，下半年是八廿三。

打春阳气短，雨水沿河边。

惊蛰乌鸦叫，春分地皮干。

清明忙种麦，谷雨种大田。

立夏鹅毛住，小满鸟来全。

芒种开了铲，夏至不拿棉。

小暑不算热，大暑三伏天。

立秋忙打淀，处暑动刀镰。

白露烟上架，秋分不生田。

寒露不算冷，霜降变了天。

立冬交十月，小雪河插严。

二十四节气剪纸

大雪河封上，冬至不行船。

小寒大寒又一年。

◆二十四节气的由来

二十四节气起源于黄河流域。远在春秋时代，就定出仲春、仲夏、仲秋和仲冬等四个节气。以后不断地改进与完善，到秦汉年间，二十四节气已完全确立。

公元前104年，由邓平等制定的《太初历》，正式把二十四节气订于历法，明确了二十四节气的天文位置。

农历二十四节气是中国祖先长期生产实践的产物，它总结了天文、气象和农业之间的相互关系，反映了季节、寒暑、天气的变化，是中国劳动人民智慧的结晶，被确定为中国第一批国家级非物质文化遗产。

地球一年365天5时48分46秒，绕太阳公转一周，我们从地球上看成太阳一年在天空中移动一圈，太阳这样移动的路线叫黄道。太阳在黄道上的位置用黄经度量。

春分、秋分，黄道和赤道平面相交，此时黄经分别为0度、180度，太阳直射赤道上，昼夜相等。

夏至，太阳直射北纬23.5

度，黄经 90 度，北半球白昼最长。

冬至，太阳直射南纬 23.5 度，黄经 270 度，北半球白昼最短。

春分和秋分正处春、秋两季中间，夏至和冬至正处夏、冬两季中间。这样一年可用春分、夏至、秋分、冬至划分为 4 段。

如将每段再分成 6 小段，太阳在黄道上移动 15 度，每小段约 15 天左右，全年就可分为 24 小段，农历上称太阳在黄道上从 0 度起算，每 15 度为一节气，全年共有二十四节气。

太阳从黄经零度起，沿黄经每运行 15 度所经历的时日称为“一个节气”。每年运行 360 度，共经历 24 个节气，每月 2 个。

其中，每月第一个节气为“节气”，即：立春、惊蛰、清明、立夏、芒种、小暑、立秋、白露、寒露、立冬、大雪和小寒等 12 个节气。

每月的第二个节气为“中气”，即：雨水、春分、谷雨、小满、夏至、大暑、处暑、秋分、霜降、小雪、冬至和大寒等 12 个节气。“节气”和“中气”交替出现，各历时 15 天，现在人们已经把“节气”和“中气”统称为“节气”。

◆二十四节气与阳历有关系

有人误认为二十四节气与阴历有关。其实，二十四节气是根据阳历划定的。它根据太阳在黄道，地球绕日公转轨道，也就是太阳周年运动的路线上的位置，引起地面气候演变的次序，将全年划分为 24 个段落，每段相隔约半个月 15 天，每一段叫做一个节气。

每月月首者称“节气”，包括立春、惊蛰、清明、立夏、芒种、小暑、立秋、白露、寒露、立冬、大雪、小寒十二节气。

在月中者称“中气”,包括雨水、春分、谷雨、小满、夏至、大暑、处暑、秋分、霜降、小雪、冬至、大寒十二中气。

二十四节气就是十二个节气和十二个中气的总称。在全年二十四个节气中,最重要的是春分、夏至、秋分和冬至,合称二分二至。

节气反映了太阳的周年视运动,因而纯属阳历,只是形式上不同于通常所说的阳历。

二十四节气反映了太阳的周年视运动,所以节气在现行的公历中日期基本固定,上半年在6日、21日,下半年在8日、23日,前后不差1—2天。

◆二十四节气农事歌

立春:立春春打六九头,春播备耕早动手,一年之计在于春,农业生产创高优。

雨水:雨水春雨贵如油,顶凌耙耘防墒流,多积肥料多打粮,精选良种夺丰收。

惊蛰:惊蛰天暖地气开,冬眠蛰虫苏醒来,冬麦镇压来保墒,耕地耙耘种春麦。

春分:春分风多雨水少,土地解冻起春潮,稻田平整早翻晒,冬麦返青把水浇。

清明:清明春始草青青,种瓜点豆好时辰,植树造林种甜菜,水稻育秧选好种。

谷雨:谷雨雪断霜未断,杂粮播种莫迟延,家燕归来淌头水,苗圃枝接耕果园。

立夏:立夏麦苗节节高,平田整地栽稻苗,中耕除草把墒保,温棚防风要管好。

小满:小满温和春意浓,防治蚜虫麦秆蝇,稻田追肥促分蘖,抓绒剪毛防冷风。

芒种：芒种雨少气温高，玉米间苗和定苗，糜谷荞麦抢墒种,稻田中耕勤除草。

夏至：夏至夏始冰雹猛，拔杂去劣选好种，消雹增雨干热风,玉米追肥防粘虫。

立春

小暑：小暑进入三伏天,龙口夺食抢时间,玉米中耕又培土,防雨防火莫等闲。

大暑：大暑大热暴雨增,复种秋菜紧防洪，测预报稻瘟病，深水护秧防低温。

立秋：立秋秋始雨淋淋,及早防治玉米螟，深翻深耕土变金,苗圃芽接摘树心。

处暑：处暑伏尽秋色美,玉米甜菜要灌水，粮菜后期勤管理,冬麦整地备种肥。

白露：白露夜寒白天热,播种冬麦好时节，灌稻晒田收葵花,早熟苹果忙采摘。

秋分：秋分秋雨天渐凉,稻黄果香秋收忙，碾谷脱粒交公粮,山区防霜听气象。

寒露：寒露草枯雁南飞,洋芋甜菜忙收回，管好萝卜和白菜,秸秆还田秋施肥。

霜降：霜降结冰又结霜,抓紧秋翻蓄好墒，防冻日消灌冬水,脱粒晒谷修粮仓。

立冬：立冬地冻白天消,羊只牲畜圈修牢，培田整地修渠道,农田建设掀高潮。

小雪：小雪地封初雪飘,幼树葡萄快埋好，利用冬闲积肥料,庄稼没肥瞎胡闹。

大雪：大雪腊雪兆丰年,多种经营创高产，及时耙耘保好墒,多积肥料找肥源。

冬至：冬至严寒数九天,羊只牲畜要防寒，积极参加夜技校,增产丰收靠科研。

小寒：小寒进入三九天,丰收致富庆元旦，冬季参加培训班,不断总结新经验。

大寒：大寒虽冷农户欢,富民政策夸不完，联产承包继续干,欢欢喜喜过个年。

◆立春雨水惊蛰春分清明谷雨

自秦代以来,中国就一直以立春作为春季的开始。

立春是从天文上来划分的,而在自然界、在人们的心目中,春是温暖,鸟语花香;春是生长,耕耘播种。

雨水

在气候学中，春季是指候,5天为一候,平均气温10℃至22℃的时段。时至立春,人们明显地感觉到白昼长了,太阳暖了。

气温、日照、降雨,这时常处于一年中的转折点,趋于上升或增多。小春作物长势加快,油菜抽苔和小麦拔节时耗水量增加,应该及时浇灌追肥,促进生长。

农谚提醒人们:“立春雨水到,早起晚睡觉”大春备耕也开始了。虽然立了“春”,但是盆地大部分地区仍会有霜冻出现,少数年份还会有“白雪却嫌春舍晚，故穿庭树作飞花”的景象。

这些气候特点，在安排农业生产时都是应该考虑到的。

人们常爱寻觅春的信息在哪里呢？那柳条上探出头来的芽苞，“嫩于金色软于丝”；那泥土中跃跃欲出的小草，等待“春风吹又生”；而为着夺取新丰收在田野中辛勤劳动的人们，正在用双手创造真正的春天。

雨水节气的含义是降雨开始，雨量渐增，在二十四节气的起源地黄河流域，雨水之前天气寒冷，但见雪花纷飞，难闻雨声淅沥。

雨水之后气温一般可升至0℃以上，雪渐少而雨渐多。可是在气候温暖的四川盆地，即使隆冬时节，降雨也不罕见。

盆地这段时间候平均气温多在10℃以上，桃李含苞，樱桃花开，确以进入气候上的春天。

除了个别年份外，霜期至此也告终止。嫁接果木，植树造林，正是时候。盆地继冬旱之后，常年多春旱，特别是盆地西部更是“春雨贵如油”。

农业上要注意保墒，及时浇灌，以满足小麦拔节孕穗、油菜抽薹开花需水关键期的水分供应。

川西高原山地仍处于十季，空气温度小，风速大，容易发生森林火灾。另外，寒潮入侵时可引起强降温和暴风雪，对老、弱、幼畜危害极大。

所有这些，都要特别注意预防。光阴易逝，季节催人，“一年之计在于春”。小春管理和大春备耕都应抓紧进行，争取今年胜过往年。

反映自然物候现象的惊蛰，含义是：春雷乍动，惊醒了蛰伏在土中冬眠的动物。

这时，气温回升较快，长江流域大部地区已渐有春雷。到了惊蛰，中国大部地区进入春耕大

惊蛰

忙季节。真是:季节不等人,一刻值千金。

惊蛰虽然气温升高迅速,但是雨量增多却有限。盆地中部和西北部惊蛰期间降雨总量仅10毫米左右，继常年冬旱之后,春旱常常开始露头。

这时小麦孕穗、油菜开花都处于需水较多的时期,对水分要求敏感,春旱往往成为影响小春产量的重要因素。

植树造林也应该考虑这个气候特点，栽后要勤于浇灌,努力提高树苗成活率。惊蛰时节，春光明媚,万象更新。

春分是反映四季变化的节气之一。我国古代习惯以立春、立夏、立秋、立冬表示四季的开始。春分、夏至、秋分、冬至则处于各季的中间。

春分这天，太阳光直射赤道，地球各地的昼夜时间相等,所以古代春分秋分又称为“日夜分”,民间有“春分秋分,昼夜平分”的谚语。

春分后,中国大部分地区越冬作物进入春季生长阶段。华中有“春分麦起身,一刻值千金”的农谚。

春分前后盆地常常有一次较强的冷空气入侵,气温显著下降,最低气温可低至5℃以下。有时还有小股冷空气接踵而至,形成持续数天低温阴雨,对农业生产不利。根据这个特点,应充分利用天气预报，抓住冷尾暖头适时播种。

清明是表征物候的节气，含有天气晴朗、草木繁茂的意思。清明这天，民间有踏青、寒食、扫墓等习俗。

常言道："清明断雪，谷雨断霜。"时至清明，盆地气候温暖，春意正浓。但在清明前后，仍然时有冷空气入侵，甚至使日平均气温连续 3 天以上低于 12℃，造成中稻烂秧和早稻死苗，所以水稻播种、栽插要避开暖尾冷头。

在川西高原，牲畜经严冬和草料不足的影响，抵抗力弱，需要严防开春后的强降温天气对老弱幼畜的危害。"清明时节雨纷纷"，是唐代著名诗人杜牧对江南春雨的写照。

俗话说"雨生百谷"。雨量充足而及时，谷类作物能够茁壮生长。谷雨节气就有这样的含义。谷雨时节的四川盆地，"杨花落尽子规啼"，柳絮飞落，杜鹃夜啼，牡丹吐蕊，樱桃红熟，自然景物告示人们：时至暮春了。

盆地谷雨前后的降雨，常常"随风潜入夜，润物细无声"，这是因为"巴山夜雨"以四五月份出现机会最多。

"蜀天常夜雨，江槛已朝清"，这种夜雨昼晴天气，对大春作物生长和小春作物收获是颇为适宜的。

◆立夏小满芒种夏至小暑大暑

立夏是指夏季开始。但是，各地冷暖不同，入夏时间实际上并不一致。按气候学上以五天平均气温高于 22℃为夏季的标准。

立夏前后，四川盆地南部刚跨进夏季；盆地其余的地区气温为 20℃左右，还处于"门外无人问落花，绿茵冉冉遍天涯"的暮春时节；而川西南低海拔河谷则早在 4 月中旬初即感夏热，立夏时气温已达 24℃以上，可谓夏日炎炎了。

立夏以后，正是盆地中稻大面积栽插的需水关键期，大雨来临的早迟和雨量的多少，与农业生产关系密切。此时如不下较大的雨，那些无水灌溉的农田就无法犁耙栽秧。

据气候资料统计，多年平均大雨开始期，盆地东部在 4 月中、下旬，中部在 5 月中、下旬，西部在 5 月下旬。5 月雨量盆地东南部为 100 至 200 毫米，西北部为 75 至 100 米。盆地西部、中部因大雨开始较晚，雨量偏少，往往有夏旱露头。

这段时间，正当盆地收获小春作物，播栽大春作物，特别要注意多变天气的影响。

小满是指麦类等夏熟作物灌浆乳熟，籽粒开始饱满。四川盆地的农谚赋予小满以新的寓意："小满不满，干断思坎""小满不满，芒种不管"。

把"满"用来形容雨水的盈缺，指出小满时田里如果蓄不满水，就可能造成田坎干裂，甚至芒种时也无法栽插水稻。因为"立夏小满正栽秧""秧奔小满谷奔秋"，小满正是适宜水稻栽插的季节。

盆地的夏旱严重与否，和水稻栽插面积的多少，有直接的关系；而栽插的迟早，又与水稻单产的高低密切相关。盆地中部和西部，常有冬干春旱，大雨来临又较迟，有些年份要到 6 月大雨才姗姗而来，最晚甚至可迟至 7 月。

俗话说："蓄水如蓄粮""保水如保粮"。为了抗御干旱，除了

立夏

改进耕作栽培措施和加快植树造林外,特别需要注意抓好头年的蓄水保水工作。

芒种是表征麦类等有芒作物的成熟,是一个反映农业物候现象的节气。时至芒种,四川盆地麦收季节已经过去,中稻、红苕移栽接近尾声。

大部地区中稻进入返青阶段,秧苗嫩绿,一派生机。“东风染尽三千顷,折鹭飞来无处停”的诗句,生动的描绘了这时田野的秀丽景色。

到了芒种时节,盆地内尚未移栽的中稻,应该抓紧栽插;如果再推迟,因气温提高,水稻营养生长期缩短,而且生长阶段又容易遭受干旱和病虫害,产量必然不高。农谚“芒种忙忙栽”的道理就在这里。

夏至这天,太阳直射北回归线,是北半球一年中白昼最长的一天,四川各地从日出到日没大多为14小时左右。

小满

夏至期间虽然白昼最长,太阳高度角最高,但并不是一年中最热的的时候。因为,近地层的热量,这时还在继续积蓄,并没有达到最多之时。

过了夏至,盆地农业生产因农作物生长旺盛,杂草、病虫迅速滋长蔓延而进入田间管理时期,高原牧区则开始了草肥畜旺的黄金季节。这时,盆地西部雨水量显著增加,使入春以来盆地雨量东多西少的分布形势,逐渐转变为西多东少。

夏至节气是盆地东部全年雨量最多的节气,往后常受副热带高压控制，出现伏旱。为了增强抗旱能力，夺取农业丰收，在这些地区，抢蓄伏前雨水是一项重要措施。

夏至以后地面受热强烈，空气对流旺盛，午后至傍晚常易形成雷阵雨。这种热雷雨骤来疾去，降雨范围小，人们称为“夏雨隔田坎”。

唐代诗人刘禹锡在四川，曾巧妙地借喻这种天气，写出“东边日出西边雨，道是无晴却有晴”的著名诗句。

绿树浓荫，时至小暑。四川盆地小暑时平均气温为26℃左右，已是盛夏，颇感炎热，但还未到最热的时候。常年7月中旬，盆地东南低海拔河谷地区，可开始出现日平均气温高于30℃、日最高气温高于35℃的集中时段，这对杂交水稻抽穗扬花不利。

除了事先在作布局上应该充分考虑这个因素外，已经栽插的要采取相应的补救措施。在川西高原北部，此时仍可见霜雪，相当于盆地初春时节景象。

小暑前后，盆地西部进入暴雨最多季节，常年七八两月的暴雨日数可占全年的75%以上，一般为3天左右。在地势起伏较大的地方，常有山洪暴发，甚至引起泥石流。

在盆地东部，小暑以后因常受副热带高压控制，多连晴高温天气，开始进入伏旱期。

大暑

暑是炎热的意思。表明它是一年中最热的节气。一般说来，大暑节气是盆地一年中日照最多、气温最高的时期，是盆地西部雨水最丰沛、雷暴最常见、30℃以上高温日数最集中的时期，也是盆地东部35℃以上高温出现最频繁的时期。

大暑前后气温高本是气候正常的表现，因为较高的气温有利于大春作物扬花灌浆，但是气温过高，农作物生长反而受到抑制，水稻结实率明显下降。

盆地西部入伏后，光、热、水都处于一年的高峰期，三者互为促进，形成对大春作物生长的良好气候条件，但是需要注意防洪排涝。

盆地东部这时高温长照却往往与少雨相伴出现，不仅会限制光热优势的发挥，还会加剧伏旱对大春作物的不利影响，为了抗御伏旱，除了前期要注意蓄水以外，还应该根据盆地东部的气候特点，改进作物栽培措施，立足于“早”，以趋利避害。

燥热的大暑是茉莉、荷花盛开的季节，馨香沁人的茉莉，天气愈热香愈浓郁，给人洁净芬芳的享受。

◆立秋处暑白露秋分寒露霜降

“立秋之日凉风至”明确地把立秋与天凉联系起来。可见，立秋就是凉爽的秋季开始了。由于各地纬度、海拔高度等的不同，实际上是不可能都在立秋这一天同时进入秋季的。

在中国除了那些纬度偏北和海拔较高的地方以外，立秋时多未入秋，仍然处于炎夏之中，即使在东北的大部分地区，这时也还看不到凉风阵阵、黄叶飘飘的秋天景色。

对于地处中亚热带的四川盆地来说，常年8月暑气犹重。气候资料统计表明，盆地要到9月中、下旬方才先后进入秋季；在全年皆冬或者冬长无夏、春秋相连的高原和高山地区，说不上秋季什么时间开始。

立秋以后，棉花裂铃吐絮，丝毫不可放松田间管理；中稻、夏玉米进入灌浆成熟阶段，要提防冰雹、大风、暴雨的危害。

立秋后的盆地，时令虽仍属盛夏，但“立秋十天遍地黄”一个金色秋天就要到来了。

处暑是反映气温变化的一个节气。“处”含有躲藏、终止意思，“处暑”表示炎热暑天结束了。

但由于盆地处暑时仍基本上受夏季风控制，所以还常有盆地西部最高气温高于30℃、盆地东部高于35℃的天气出现。特别是长江沿岸低海拔地区，在伏旱延续的年份里，更感到“秋老虎”的余威。

川西高原进入处暑秋意正浓，海拔3 500米以上已呈初冬景象，牧草渐萎，霜雪日增。这时盆地中部的雨量常是一年里的次高点，比大暑或白露时稍多。因此，为了保证冬春农田用水，必须认真抓好这段时间的蓄水工作。

立秋

高原地区处暑至秋分会出现连续阴雨水天气，地农牧业生产不利。一般年辰处暑节气内，盆地日照仍然比较充足，除了盆地西部以外，雨日不多，有利于中稻割晒和棉花吐絮。

如杜诗所说“三伏适已过，

骄阳化为霖”的景况，秋绵雨会提前到来。

露是由于温度降低，水汽在地面或近地物体上凝结而成的水珠。所以，白露实际上是表征天气已经转凉。

露有着气温迅速下降、绵雨开始、日照骤减的明显特点，深刻地反映出由夏到秋的季节转换。盆地常年白露期间的平均气温比处暑要低3℃左右，大部分地区平均气温先后降至22℃以下。

按气候学划分四季的标准，时序开始进入秋季。盆地秋雨多出现于白露至霜降前，以岷江、青衣江中下游地区最多，盆地中部相对较少。

“滥了白露，天天走溜路”的农谚，虽然不能以白露这一天是否有雨水来作天气预报，但是，一般白露节前后确实常有一段连阴雨天气；而且，自此盆地降雨多具有强度小、雨日多、常连绵的特点了。

白露时节对晚稻抽穗扬花和棉桃爆桃是不利的，也影响中稻的收割和翻晒，所以农谚有“白露天气晴，谷米白如银”的说法。

秋分是表征季节变化的节气。秋分这天，太阳位于黄经180度，阳光几乎直射赤道，昼夜几乎等长。这时，四川盆地候温普遍降至22℃以下，进入了凉爽的秋季。“一场秋雨一场寒”。

一股股南下的冷空气，与逐渐衰减的暖湿空气相遇，产生一次次降雨，气温也一次次下降。在川西高原北部，日最低气温降到0℃以下，已经可见到漫天絮飞舞、大地素裹银装的壮丽雪景。

秋分以后，雨量明显减少，暴雨、大雨一般很少出现；不过，降雨日数却反而有所增加，常常阴雨连绵，夜雨率也较高。

唐代著名诗人李商隐“巴山

夜雨涨秋池”的名句，生动形象地描绘出四川秋多夜雨的气候特色。

古代把露作为天气转凉变冷的表征。仲秋白露节气“露凝而白”，至季秋寒露时已是“露气寒冷，将凝结”为霜了。

白露

盆地日平均气温多不到20℃，即使在长江沿岸地区，水银柱也很难升到30℃以上，而最低气温却可降至10℃以下。川西高原除了少数河谷低地以外，平均气温普遍低于10℃，用气候学划分四季的标准衡量，已是冬季了。

千里霜铺，万里雪飘，与盆地秋色迥然不同。常年寒露期间，盆地雨量亦日趋减少。盆地西部多在20毫米上下，东部一般为30至40毫米左右。

绵雨甚频，朝朝暮暮，溟溟霏霏，影响“三秋”生产，伴随着绵雨的气候特征是：湿度大，云量多，日照少，阴天多，雾日亦自此显著增加。

霜降节气含有天气渐冷、开始降霜的意思。纬度偏南的四川盆地，平均气温多在16℃左右，离初霜日期还有三个节气。

在盆地南部河谷地带，则要到隆冬时节，才能见霜。当然，即使在纬度相同的地方，由于海拔高度和地形不同，贴地层空气的温度和湿度有差异，初霜期和霜日数也就不一样了。

用科学的眼光来看，“露结为霜”的说法是不准确的。露滴冻结而成的冻露，是坚硬的小冰珠。

霜冻是指由于温度剧降而引起的作物冻害现象，其致害温度因作物、品种和生育期的不同而异；而形成霜，则必须地面或地物的温度降到 0 ℃以下，并且贴地层中空气中的水汽含量要达到一定程度。

因此，发生霜冻时不一定出现霜，出现霜时也不一定就有霜冻发生。

但是，因为见霜时的温度已经比较低，要是继续冷却，便很容易导致霜冻的发生。

北宋大文学家苏轼有诗曰：“千树扫作一番黄，只有芙蓉独自芳。”四川盆地气候温和，霜降期间，田畴青葱，橙黄桔绿，秋菊竞放，一树树芙蓉盛开，把富饶的“天府”打扮得更加艳丽。

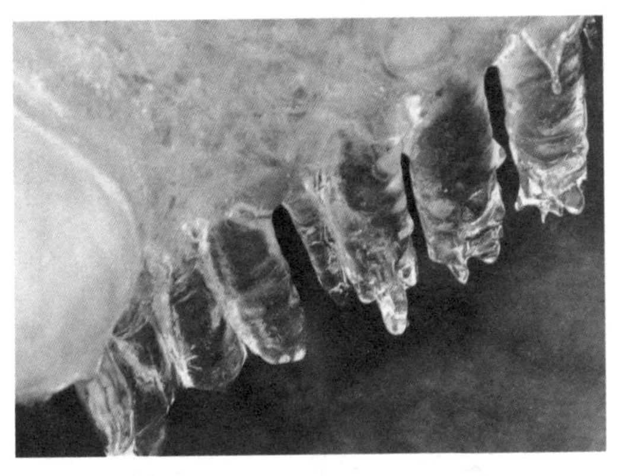

立冬

◆立冬小雪大雪冬至小寒大寒

“立冬之日，水始冰，地始冻”。现在，人们常以凛冽北风，寒冷的霜雪，作为冬天的象征。

在气候学上，不固定以“立冬”这天作为各地冬季的开始，而是以气温来划分季节，即平均气温低于 10℃为冬季，这样就比较节合当时的物候景观。

立冬时节仍处于“三秋”繁忙时期，平均气温一般为 12℃至 15℃。绵雨业已结束。气候条件适宜于油菜移栽。

生长期较短而春性较强的小麦也要抓播种，因为立冬后期多有强冷空气侵袭，气温常有较大幅度下降，如果播后气温低，出苗缓慢，分蘖不足，就会影响产量。

盆地西北部个别年份立冬曾出现过早霜，更要早挖窖，免冻害。

小雪表示降雪的起始时间和程度。雪是寒冷天气的产物。

小雪节气，四川盆地北部开始进入冬季。“荷尽已无擎雨盖，菊残犹有霜枝”已呈初冬景象。因为北面有秦岭、大巴山屏障，阻挡冷空气入侵，刹减了寒潮的严威，致使盆地“冬暖”显著。

由于盆地冬季近地面层气温常保持在0℃以上，所以积雪比降雪更不容易。偶尔虽见天空“纷纷扬扬”却不见地上“碎琼乱玉”。

然而，在寒冷的川西高原，常年10月一般就开始降雪了。高原西北部全年降雪日数可达60天以上，一些高寒地区全年都有降雪的可能。小雪期间，盆地西北部一般可见初霜，要预防霜冻对农作物的危害。

“大雪”表明这时降雪开始大起来了。四川盆地冬季气候温和而少雨雪，平均气温较长江中下游地区约高2℃至4℃，雨量仅占全年的5%左右。偶有降雪，大多出现在一二月份；地面积雪三五年难见到一次。

如果能够目睹大地白雪皑皑，绿树披银饰玉，常是终身难忘的趣事。“瑞雪兆丰年”，是中国广为流传的农谚。

雪水温度低，能冻死地表层越冬的害虫，也给农业生产带来好处。但是，在南方，雪后如逢晴夜，地面热量散失较多，则会出现冻害，使豌豆、胡豆等作物受到一定损失。

雾通常出现在夜间无云或少云的清晨，气象学称之为辐射雾。俗话：“十雾九晴”。雾多在午前消散，午后的阳光会显得格外温暖。

冬至是按天文划分的节气，

古称“日短”“日短至”。冬至这天，太阳位于黄经270度，阳光几乎直射南回归线，是北半球一年中白昼最短的一天。

过了冬至，虽然昼渐长，夜渐短，但是在短期内仍然是昼短夜长，地面每天吸收的热量，还是比散失的热量少，所以气温并没有立即回升之势。

群众中习惯自冬至起“数九”，每九天为一个“九”。到“三九”前后，地面积蓄的热量最少，天气也最冷，所以说“冷在三九”。

小寒、大寒是一年中雨水最少的时段。不过，“苦寒勿怨天雨雪，雪来遗到明年麦。”在雨雪稀少的情况下，不同地区按照不同的耕作习惯和条件，适时浇灌，对小春作物生长无疑是大有好处的。

大雪

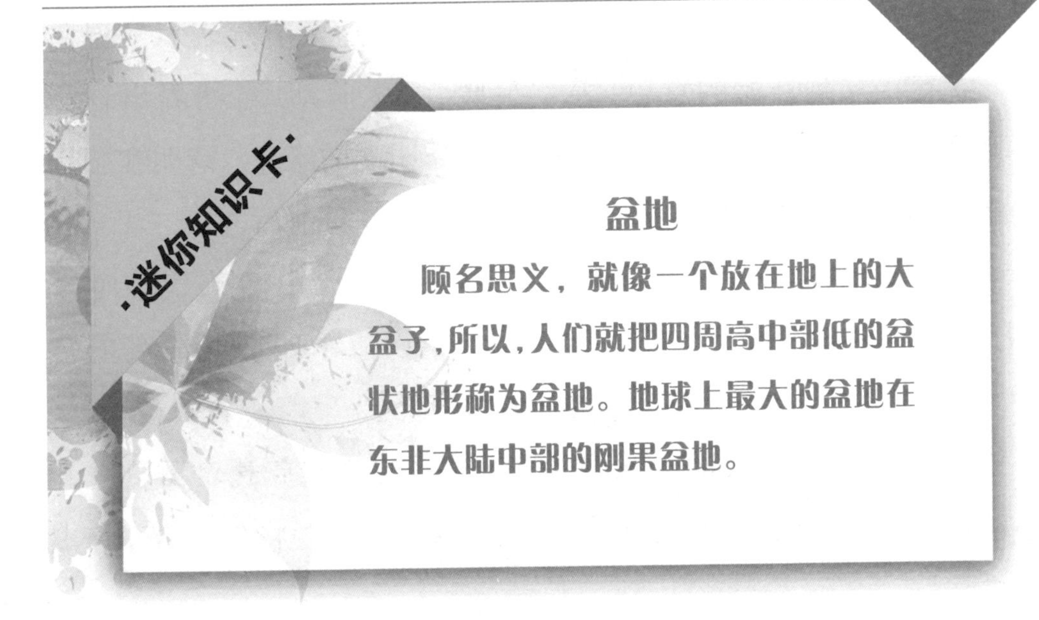

·迷你知识卡·

盆地

顾名思义，就像一个放在地上的大盆子，所以，人们就把四周高中部低的盆状地形称为盆地。地球上最大的盆地在东非大陆中部的刚果盆地。

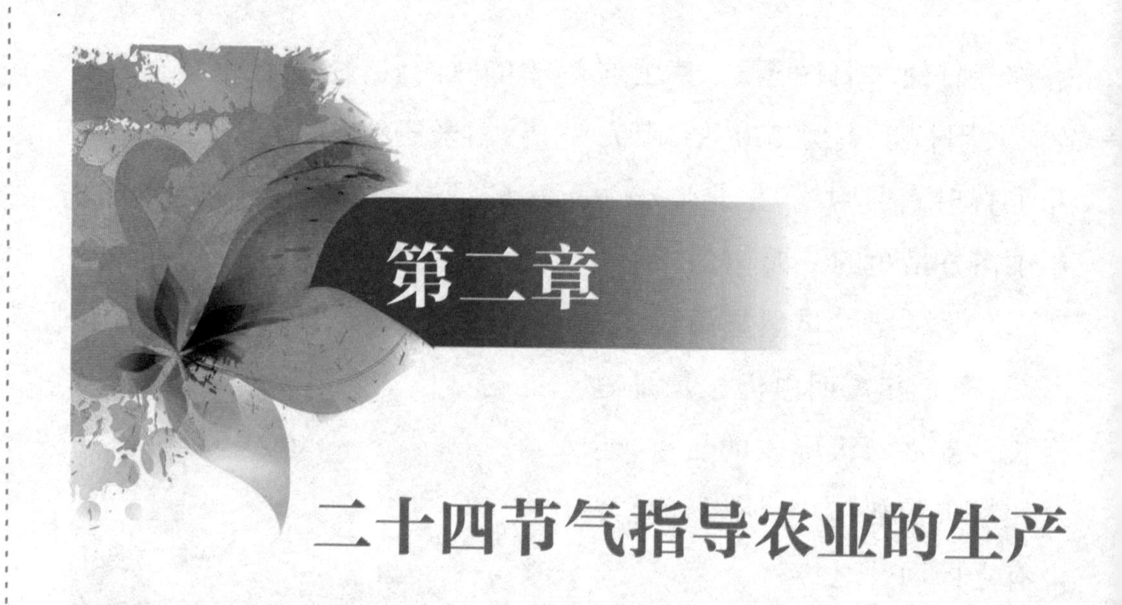

第二章

二十四节气指导农业的生产

◆二十四节气时间

立春：立是开始的意思，表示万物复苏的春天又开始了，天气将回暖，万物将更新，是农事活动开始的标志。立春是公历的2月4日或5日。

惊蛰：春雷开始轰鸣，惊醒了蛰伏在泥土里冬眠的昆虫和小动物，过冬的虫卵快要孵化了，这个节气表示春意渐浓，气温升高。惊蛰是公历的3月6日或7日。

清明：这个节气表示气温已变暖，草木萌动，自然界出现一片清秀明朗的景象。清明在公历每年4月5日前后。

清明是二十四节气中唯一的一个以二十四节气命名的传统节日。

立夏：这个节气表示夏季开始，炎热的天气将要来临，农事活动已进入夏季繁忙季节了。立夏是公历的5月6日或7日。

芒种：芒是指壳实尖端的细毛，在北方是割麦种稻的时候，也是耕种最忙的时节，芒种是公历的6月6日或7日。

小暑：这个节气表示已进入暑天，炎热逼人，小暑是公历的7月7日或8日。

七月立秋：这个节气表示炎热的夏季将过，秋高气爽的秋天开始。立秋是公历的8月7日至9日。

白露：这个节气表示天气更凉，空气中的水汽夜晚常在草木等物体上凝结成白色的露珠，白露是公历的9月8日或9日。

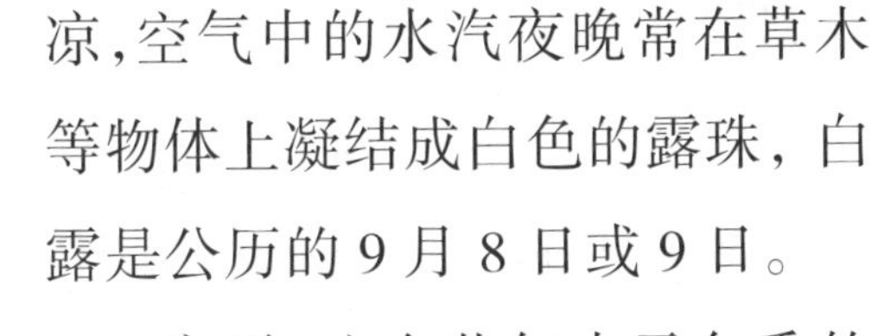

寒露：这个节气表示冬季的开始，预示气候的寒凉程度将逐渐加剧，寒露为公历10月8日或9日。

立冬：这个节气表示清爽的秋天将过，寒冷的冬天开始，立冬是公历的11月7日或8日。

大雪：这个节气表示降雪来得较大，大雪是公历的12月7日或8日。

小寒：这个节气表示开始进入冬季最寒冷的季节，会有霜冻，小寒是公历的1月5日或6日。

大寒：这个节气表示开始进入冬季最寒冷的季节，会有结冰，大寒是公历的1月2日或左右。

鸟类与节气

◆二十四节气的作用

二十四节气客观地反映了季节更替和气候变化状况，是中国物候变化、时令顺序的标志，它的形成和发展与中国农业生产的发展紧密相连。

在长期的生产实践中，中国古代劳动人民编出大量与节气有关的农谚，用以指导农业生产。

例如："过了惊蛰节，春耕不停歇""惊蛰一犁土，春分地如筛""清明前后点瓜种豆""植树造林，莫过清明""清明下种，谷雨栽秧""清明要晴，谷雨要淋""立夏小满，雨水相赶""立夏不下，犁耙高挂""立夏三朝遍地锄""过了芒种，不可强种""夏至进入伏天里，耕地赛过水浇园""进入夏至六月天，黄金季节要抢先""小暑惊东风，大暑惊红霞""大暑大落大死，无落无死"等。

农业与节气

现代农业气象学兴起以后，很多地区将二十四节气与农业气象资料相结合，编制农业气候历、农事历或农事活动表，使古代经验与现代科学技术相结合，相互参照、补充，在现代农业生产中继续发挥作用。

◆中国的十二月花神

中国的农历是世界上独有的，一年四季，春夏秋冬；百花荣枯，生生不息。古人浪漫风雅，生出许多趣闻雅事，以十二月令的代表花和掌管十二月令的花神的传说最让人神往。

如九月代表花为菊花，花神相传为陶渊明，每逢九九重阳，人们赏菊簪菊，饮菊花酒，吃菊花糕。可见十二月令花和十二花神，不仅作为历代文人墨客吟咏、玩味的对象，入诗入画，更是融入中国的民俗文化，入口入心。

梅花，关于雪花飘飘的岁寒早春时，一般人为是农历正月的代表花。其冰清玉洁，一身傲骨尤其为世人钟爱。

一月梅花。梅花的花神相传是宋武帝的女儿寿阳公主。

某年的正月初七，寿阳公主到宫里梅花林赏梅，一时困倦，就在殿檐下小睡，正巧有朵梅花轻轻飘飘落在她的额上，留下五瓣淡淡红色的痕迹，寿阳公主醒后，宫女都觉得原本妩媚动人的她，又因梅花瓣而更添几分美感，于是纷纷效仿，以梅花印在额头上，称为“梅花妆”。

世人便传说公主是梅花的精灵变成的，因此寿阳公主就成了梅花的花神。

二月杏花。杏花属木本蔷薇科落叶树，花朵娇小可爱，而成片的杏花林。景色更是绮丽。农历而月又称杏月，正是杏花初放之时，朵朵美若天仙，柔媚动人。

杏花的花神相传是杨贵妃。杨贵妃虽然身系唐玄宗的三千宠爱于一身，但是在安史之乱时，玄宗不得不应军士之求杀了杨贵妃。

当时，众人将杨贵妃的尸体悬挂在佛堂前的杏树上。平乱之后，玄宗派人取回尸骨移葬时，只见一片雪白的杏花迎风而舞。

玄宗回宫后，命道士寻找杨贵妃的魂魄，此时的杨贵妃已在仙山上。司职二月杏花的花神了。

三月桃花，同属木本蔷薇科的桃花盛开与农历三月，一般又称为桃月。

桃花姿态优美，花朵丰腴，色彩艳丽，长被誉为美人，盛开时明媚如画，犹如仙境，乃有所谓的“世外桃源”。

桃花的花神最早相传是春秋时代楚国息侯的夫人，息侯在一场政变中，被楚文王所灭。楚文王贪图息夫人的美色，意欲强娶，息夫人不肯，乘机偷偷出宫去找息侯，息侯自杀，息夫人也随之殉情。

此时正是桃花盛开的三月，楚人感念息夫人的坚贞，就立祠祭拜，也称她为桃花神。

四月牡丹。花神李白。牡丹，开于农历四月，唐代人以起香浓色艳，有富贵之枝，而对牡丹为“花王”，直到今日，世人仍爱其国色天香。

牡丹的花神传说众多，或说貂婵，或说丽娟，汉武帝的宠妃，但是以李白最为知名。

有一回，唐玄宗偕同杨贵妃在沉香亭赏牡丹，一时兴起，与李白进宫写三章《清平乐》：云想衣裳花想容，春风拂槛露华浓。若非群玉山头见，会向瑶台月下逢。一枝红艳露凝香，云雨巫山枉断肠。借问汉宫谁得似，可怜飞燕倚新妆。名花倾国两相欢，常得君王带笑看。解

牡丹

释春风无限恨，沉香亭北倚阑干。”

五月石榴。俗称农历五月是榴月，五月盛开的石榴花，艳红似火，有着火一般的光辉，因此许多女子都喜欢榴花戴在云鬓上，增添娇艳。

石榴花的花神传说是钟馗，五月是疾病最容易流行的季节。于是，民间传说的“鬼王”钟馗，便成为人们信仰的主要对象，生前性情十分暴烈正直的钟馗，死后更誓言除尽天下妖魔鬼怪。

其嫉恶如仇的火样性格，恰如石榴迎火而出的刚烈性情，因此，大家就把能驱鬼除恶的钟馗视为石榴花的花神。

六月莲花。农历六月俗称荷月，荷花既莲花。莲花生于碧波之中，以“出淤泥而不染”著称，且花大叶丽，清香远溢，因此自古即深受人们喜爱。

莲花的花神相传是绝代美女西施。

传说中。西施在助越灭吴之前，是卖柴人家之女，夏日荷花盛开时，西施常到镜湖采莲，也许因为西施曾是六月时节的采莲女，她美丽的身影无人能比，于是就自然成为莲花的花神了。

乐曲中，排箫绵绵远飘的音韵，画出如碧波般的莲乐，清远的女声，飘送出莲花清香。舒展悠扬的旋律中，令人想象吴越佳人驾一叶清舟，在莲中采莲的动人情景。

七月蜀葵。蜀葵，植株修长而挺立，开于夏末秋初，花朵大而娇媚，颜色五彩斑斓，其中，黄蜀葵又称为秋葵，在诗经中就餐曾提及“七月菱葵叔”，葵指的就是黄菱葵。

秋葵是一种朝开暮落的花，一般人说的“昨日黄花”，就是以秋葵为写照。

菱葵花的花神相传是汉武

帝的宠妃李夫人。李夫人的兄长李延年曾为他写一首极其动人的歌，即：“北方有佳人，绝世而独立，一顾倾人城，再顾倾人国，倾城与倾国，佳人难再得。”

荷花

由于李夫人早逝，短暂而又绚丽的生命，宛如秋葵一般，所以人们就以她为七月蜀葵的花神了。

杏花

八月桂花。丹桂花又名木犀，丹桂，好生于岩领间，花族开与叶腋，黄色或黄白色，香气极浓。八月桂花香，因此农历八月又称为桂月。

桂花的花神相传的唐太宗的妃子徐惠。徐惠生与湖州长城，自小就聪慧过人，五月大就会说话，四岁就能读论语，八岁能写诗文。因为才思不凡，被唐太宗招入宫中，封为才人。

山茶

太宗死后，徐惠哀伤成疾，二十四岁就以身殉情。后世就封这位才情不凡的女子为桂花的花神。

九月菊花。在菊花这个璀璨的香国里，有的端雅大方，有的龙飞风舞，有的瑰丽如彩虹，有的洁白赛霜雪，相当迷人。

菊花的花神相传是陶渊明，菊花的凌霜怒放，性情冷傲高洁，在群芳中备受“不为五斗米折腰”的陶渊明喜爱，更为菊花写下“采菊东篱下，悠然见南山”的千古佳句，菊花的花神自然非他莫属了。

十月木芙蓉。木芙蓉又名木莲，因花“艳如荷花”而得名，另有一种花色朝白暮红的叫做醉芙蓉。木芙蓉属落叶灌木，开在霜降之后，农历十月就可以在江水边，看到她如美人初醉般的花容，与潇洒脱俗的仙姿。

木芙蓉的花神相传是宋真宗的大学士石曼卿。

宋代盛传在虚无缥缈的仙乡，有一个开满红花的芙蓉城。据说在石曼卿死后，仍然有人遇到他，在这场恍然若梦的相遇中，石曼卿说他已经成为芙蓉城的城主。因为在众多传闻中，以石曼卿的故事流传最广，后人就以石曼卿为十月芙蓉的花神。

十一月山茶。山茶花开放在寒风细雨的农历十一月，花朵五彩缤纷，有大红，粉红，紫白，纯白等。白的色胜玉，红的如火燃烧淡赤。

万紫千红，飘香吐艳，为寒冷的大地增添了几分愉悦的色彩。

山茶花的花神传说是白居易。白居易是唐代知名的诗人，以“野火烧不尽，春风吹又生。”的诗句，备受称赞而闻名于世。

传闻中并没有说明为什么白居易是山茶的花神，或许是诗人不畏强权的性情，如同山茶的不畏寒风细雨吧。

腊月水仙。水仙别名金盏银台。水仙开于蜡梅之后、江梅之前，为冬令时花，花如其名，绿裙、青带，亭亭玉立于清波之上，素洁碧玉般的花朵冒雨而开，超尘脱俗，宛如水中仙子。

水仙的花神相传是娥皇与女英。

据说，娥皇、女英是尧帝的女儿，二人同嫁给舜。姊姊为后，妹妹为妃，三人感情甚好，后来，舜在南巡崩驾，娥皇与女双双殉情于湘江。

上天怜悯二人的至情至爱，便将二人的魂魄化为江边水仙，二人也成为腊月水仙的花神了。

◆二十四节气已不合农时?

中国古代用阴历，阴历有闰月，运用二十四节气定农时，是起了一定的作用。现在通用阳历，节气的日期每年都在那几个日期不变，各年相差也不过一两天。可是气候变化年年不同，依固定的日期耕种，就不合理了。

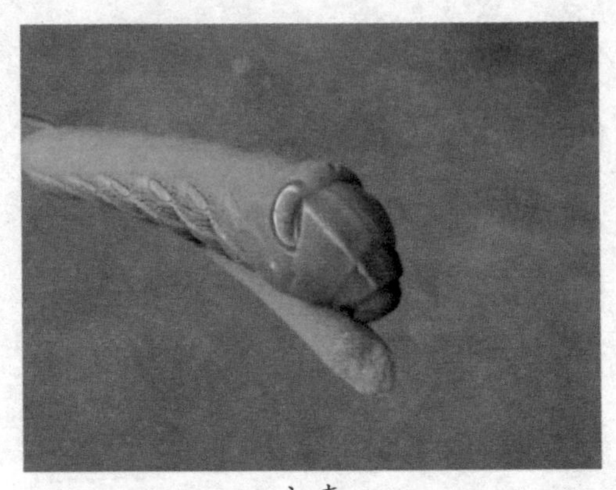

初春

竺可桢先生于 1931 年 5 月 9 日作“亲月令”的演讲，他说我国古代的二十四节气，原产生于黄河下游，因年代久远，气候变迁，不仅与其发源地现今情况不合，更不能适用于全国。他列举自己在南京所观测的 9 年物候记录，制作新的月令，以供农业耕种参考。

为了革新，现在应进行下列两项工作。一是以温度和物候两者划分物候季。在温带地区，一年中春、夏、秋、冬四季，周而复始地循环。

人们为了利用自然，就以不同方法划分四季，如天文季节、气候季节和物候季节等。如根据物候划分季节，则对于农业生产比较实用。因为物候现象的出现，各年迟早不同，有了当年物候现象的日期与物候指标相比较，就可以直接知道当年的季节是提前还是延迟。

中国温带地区物候季的划分，定为日平均温度3℃为春季开始，19℃为春末夏始，19℃以上为夏季，10℃以上为秋末，10℃以下为冬季。

仲春时节

根据上述各温度指标，以相应的物候现象为物候指标，大都把春、夏、秋三季各分为3个季段，冬季分为2个季段，全年共分为11个季段。四季划分的物候指标，如北京初春开始时为昆明湖解冻，北海冰融，山桃芽开放，羊胡子草发芽，其日平均温度为3℃。

初春的物候指标，各地区大都为野草发青，旱柳、垂柳、绦柳发芽，迎春花始花，榆树始花等。

仲春大都有旱柳、垂柳展叶、始花，加拿大杨始花，山桃、毛桃、李树等始花。季春有紫荆始花，毛桃盛花，刺树芽开放等。

中国现在所作的自然历是把一年四季划分为几个物候季段，在各季段中顺序排列物候现象，在自然历中一目了然。

自然历中的植物、动

物、农作物的物候期，基于各种物候现象的出现，有其顺序性和相等性，知道前一种物候现象出现的日期，就可预测后一种物候现象未来出现的日期。

这样，根据自然历与农作物播种期间和收获期相对应的物候指标，根据各地的自然历，如果预报某种农作物的播种期或收获期，只要发现有重叠的物候现象，根据这种物候现象即可作预测。

中国古人讲天时，讲天理，发明二十四节气，教导人们适时耕种，别误农时，别误农事。要求人们懂气候、季候、物候，一年四季，顺天应变，以求五谷丰登，六畜兴旺。

从今天来看，现代化农业同样既不能违天时，也不能抗天理，更不能盲目地去干与天斗的蠢事，必须识天象、借天力，实现天与人的良性互动。

◆二十四节气的对联

中国农历一年之中有二十四个节气。在中国对联中，以节气为题材的很多，有的还很精彩，例如：传说明代有一位学台，在浙江天台山游览时，夜宿山中茅屋。

秋分时节

次日晨起，见茅屋一片白霜，心有所感随口吟出上联：昨夜大寒，霜降茅屋如小雪。

联中嵌有三个节气，一气呵成，毫无痕迹。一时成为绝对。直至近代，才由浙江的赵恭沛先生对出下联：今朝惊蛰，春分时雨到清明。一样三个节气，对得十分工整。

另一副对联则更有文学性和科学性：二月春分八月秋分昼夜不长不短，三年一闰五年再闰阴阳无差无错。

上联不仅指出了春分和秋分这两个节气所在的月份，而且把这两个月份的时间特点讲得清清楚楚，即二八月是昼夜相平。下联则换了另一个角度，道出了农历闰年的规律性，其科学性也是毋庸置疑的。

原明朝大臣，后降清的洪承畴，在“谷雨”那天与人下棋时对了一副对联：一局妙棋今日几乎忘谷雨，两朝领袖他年何以别清明。

上联是洪承畴所出，下联为同弈者所对。意在讽刺洪失义辱节，一语双关，深藏讽意。

◆二十四节气并非农历产物

中国古代的先民，以农耕生产为主。而影响农作物生长的气温、日照、降水等气象条件，和太阳的位置直接相关。

为了能够更好地反应季节的变化和物候的关系，用以指导农耕生产，早在 2 500 多年前的春秋时代，中国人就已经用土圭，在平面上竖一根杆子，来测量正午太阳影子的长短，以确定冬至的时间。

一年中，土圭在正午时分影子最短的一天为夏至，最长的一天为冬至，影子长度适中的为春分或秋分。

随着不断地观察、分析和总结，节气的划分逐渐丰富和科学。从二十四节气的命名可以看出，节气的划分充分考虑了季节、气候、物候等自然现象的变化。

立春、立夏、立秋、立冬、春分、秋分、夏至、冬至是用来反映一年春、夏、秋、冬四个季节的。

立春、立夏、立秋、立冬则反映了春、夏、秋、冬四季的开始。春分、秋分、夏至、冬至是从天文角度来划分的，反映了太阳高度变化的转折点。

春分是春季的中间，昼夜平分。夏至则白天最长，夜间最短。秋分是秋季的中间，昼夜平分。冬至日白天最短，夜间最长。

小暑、大暑、处暑、小寒、大寒五个节气反映气温的变化，用来表示一年中不同时期寒热程度。小暑是初伏前后，气候开始炎热。

大暑是一年中最炎热的时节。处暑中的“处”有躲藏、终止的意思，表示炎热即将过去。小寒则表示气候已比较寒冷。大寒是为最冷的时节。

白露、寒露、霜降三个节气表面上反映的是水汽凝结、凝华现象，但实质上反映出了气温逐渐下降的过程和程度。

白露表示气温下降到一定

下雨了

清明

程度，夜间较凉，空气中的水汽出现凝露现象；寒露是气温明显降低，夜间凝露增多，而且越来越凉；霜降则是开始降霜，此时当温度降至摄氏零度以下，水汽凝华为霜。

小满和芒种两个节气则反映有关作物的成熟和收成情况。小满是麦类等夏热作物子粒逐渐饱满。芒种则是麦类等有芒作物成熟。

惊蛰和清明反映的是自然物候现象。惊蛰的含义是开始打雷，冬眠动物复苏。

清明是气候温暖，天气清和明朗。尤其是惊蛰，它用天上初雷和地下蛰虫的复苏，来预示春天的回归。

雨水、谷雨、小雪、大雪四个节气反映了降水现象，表明降雨、降雪的时间和强度。雨水表示降雨开始。谷雨是降雨量增多，对谷类生长有利。小雪表明开始降雪。大雪则表明降雪较大。

◆二十四节气中的“三候”

众所周知，二十四个节气，其中包括 12 个月，每个节气 15 天左右。而中国又将“五天”称为“一候”，“三候” 为一个节气，所以一个节气又被称为“三候”。

中国古代劳动人民将每个节气的“三候”根据当时的气候

特征和一些特殊现象有分别起了名字,用来简洁明了的表示当时的天气等特点。

立春:一候东风解冻,二候蜇虫始振,三候鱼陟负冰。说的是东风送暖,大地开始解冻。立春五日后,蜇居的虫类慢慢在洞中苏醒,再过五日,河里的冰开始融化, 鱼开始到水面上游动,此时水面上还有没完全溶解的碎冰片,如同被鱼负着一般浮在水面。

雨水:一候獭祭鱼;二候鸿雁来;三候草木萌劝。此节气,水獭开始捕鱼了,将鱼摆在岸边如同先祭后食的样子; 五天过后,大雁开始从南方飞回北方;再过五天,在"润物细无声"的春雨中,草木随地中阳气的上腾而开始抽出嫩芽。从此,大地渐渐开始呈现出一派欣欣向荣的景象。

惊蛰:一候桃始华;二候仓庚(黄鹂)鸣;三候鹰化为鸠。描述已是桃花红、李花白,黄莺鸣叫、燕飞来的时节,大部分地区都已进入了春耕。

惊醒了蛰伏在泥土中冬眠的各种昆虫的时候,此时过冬的虫卵也要开始卵化,由此可见惊蛰是反映自然物候现象的一个节气。

春分:一候元鸟至;二候雷乃发声;三候始电。是说春分日后,燕子便从南方飞来了,下雨时天空便要打雷并发出闪电。

清明节:一候桐始华;二候田鼠化为鹌;三候虹始见。意思是在这个时节先是白桐花开放,接着喜阴的田鼠不见了,全回到了地下的洞中,然后是雨后的天空可以见到彩虹了。

谷雨:一候萍始生;二候鸣鸠拂其羽; 三候为戴任降于桑。是说谷雨后降雨量增多,浮萍开始生长,接着布谷鸟便开始提醒人们播种了,然后是桑树上开始见到戴胜鸟。

立夏：一候蝼蛄鸣；二候蚯蚓出；三候王瓜生。即说这一节气中首先可听到蝲蝲，即蝼蛄在田间的鸣叫声，接着大地上便可看到蚯蚓掘土，然后王瓜的蔓藤开始快速攀爬生长。

小满：一候苦菜秀；二候靡草死；三候麦秋至。是说小满节气中，苦菜已经枝叶繁茂；而喜阴的一些枝条细软的草类在强烈的阳光下开始枯死；此时麦子开始成熟。

芒种：一候螳螂生；二候鹏始鸣；三候反舌无声。在这一节气中，螳螂在去年深秋产的卵因感受到阴气初生而破壳生出小螳螂；喜阴的伯劳鸟开始在枝头出现，并且感阴而鸣；与此相反，能够学习其他鸟鸣叫的反舌鸟，却因感应到了阴气的出现而停止了鸣叫。

夏至：一候鹿角解；二候蝉始鸣；三候半夏生。麋与鹿虽属同科，但古人认为，二者一属阴一属阳。鹿的角朝前生，所以属阳。

小暑

夏至日阴气生而阳气始衰，所以阳性的鹿角便开始脱落。而麋因属阴，所以在冬至日角才脱落；雄性的知了在夏至后因感阴气之生便鼓翼而鸣；半夏是一种喜阴的药草，因在仲夏的沼泽地或水田中出生所以得名。

小暑：一候温风至；二候蟋蟀居宇；三候鹰始鸷。小暑时节大地上便不再有一丝凉风，而是所有的风中都带着热浪。

大暑：一候腐草为萤；二候土润溽暑；三候大雨时行。世上萤火虫约有二千多种，分水生与陆生两种，陆生的萤火虫产卵于枯草上，大暑时，萤火虫卵化而出，所以古人认为萤火虫是腐草变成的；第二候是说天气开始变得闷热，土地也很潮湿；第三候是说时常有大的雷雨会出现，这大雨使暑湿减弱，天气开始向立秋过渡。

二十四节气对现代人的积极意义。

二十四节气是古人为适应农业生产的发明。古人依照春生夏长、秋收冬藏的节令性质安排日常生活。

随着科技的发展，现代人生存能力有所增强，自然时间的变化对人的影响也相对减少。那么，二十四节气是否对现代人已无意义？

古人在处理与自然的关系方面，比现代人要好。自然节律仍是现代人应当遵循的时间框架，具有以下积极意义。

忙碌的蜜蜂

首先，二十四节气是中国先民的文化创造，是古人在长期自然生活中的经验总结，是宝贵的文化遗产，具有重要的遗产认知与继承的文化价值。

其次，二十四节气已经成为一种民族的文化时间，它是我们把握作物生长时间、观测动物活动规律、认识人的生命节律的一种文化技术，例如中医的季节用药习惯与治疗方式、日常饮食生活的季节调节与身体保健等。

立春尝春、迎春、清明品茶踏青、立秋吃瓜秋游、大寒咏雪赏梅也是一种传统的时间生活情趣。

再次，人类无论有多大的主动性与创造力，最终逃脱不了自然世界的时空限制。只有顺应自然，依循自然时序，人类才能生活得更加愉快幸福。

现代人应自觉传承二十四节气这一文明财富，尊重自然时间，尊重生命节律，享受色彩斑斓的自然时间生活。

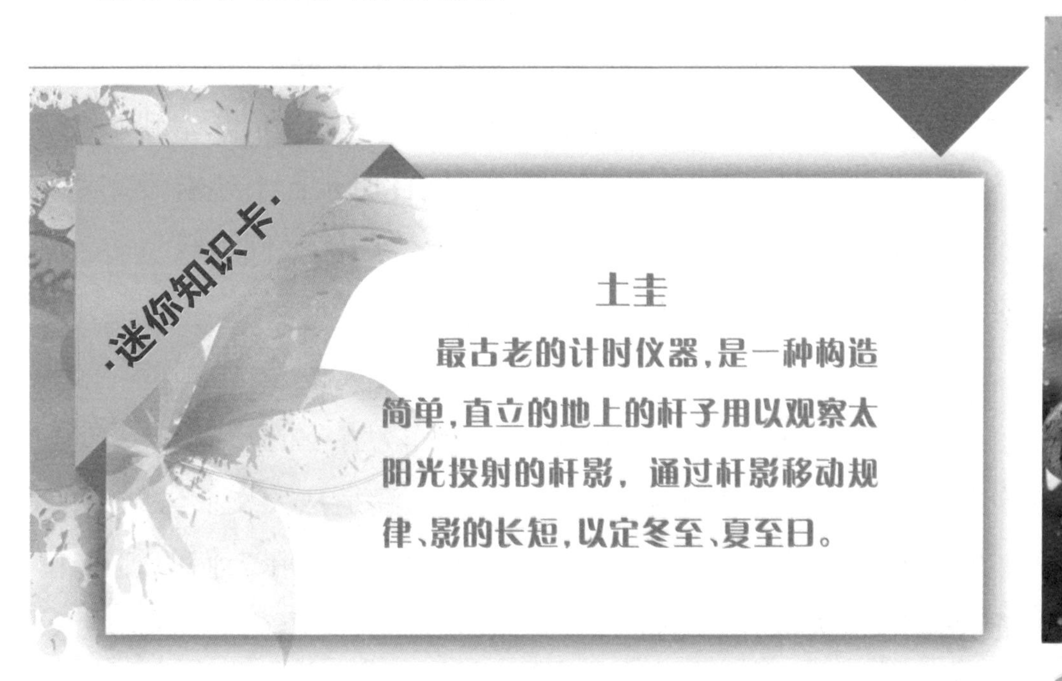

土圭

最古老的计时仪器，是一种构造简单，直立的地上的杆子用以观察太阳光投射的杆影，通过杆影移动规律、影的长短，以定冬至、夏至日。

第三章

二十四节气之 立春、雨水、惊蛰、春分和清明

◆立春——闻到早春的气息

立春，二十四节气之一。春季开始的节气。每年2月4日或5日为立春。

中国古代将立春的十五天分为三候：“一候东风解冻，二候蛰虫始振，三候鱼陟负冰”，说的是东风送暖，大地开始解冻。

立春五日后，蛰居的虫类慢慢在洞中苏醒，再过五日，河里的冰开始溶化，鱼开始到水面上游动，此时水面上还有没完全溶解的碎冰片，如同被鱼负着一般浮在水面。

自秦代以来，中国就一直以立春作为春季的开始。

立春是从天文上来划分的，而在自然界、在人们的心目中，春是温暖，鸟语花香；春是生长，耕耘播种。

时至立春，人们明显地感觉到白昼长了，太阳暖了。气温、日照、降雨，这时常处于一年中的转折点，趋于上升或增多。

小春作物长势加快，油菜抽苔和小麦拔节时耗水量增加，应该及时浇灌追肥，促进生长。农谚提醒人们"立春雨水到，早起晚睡觉"大春备耕也开始了。

虽然立了春，但是华南大部分地区仍是很冷。这些气候特点，在安排农业生产时都是应该考虑到的。

立春

在"立春"这一天，举行纪念活动的历史悠久，至少在3 000年前，就已经出现。

当时，祭祀的句芒亦称芒神，是主管农事的春神。据文献记载，周朝迎接"立春"的仪式，大致如下：立春前三日，天子开始斋戒，到了立春日，亲率三公九卿诸侯大夫，到东方八里之郊迎春，祈求丰收。

中国自古为农业国，春种秋收，关键在春。民谚有"一年之计在于春"的说法。旧俗立春，既是一个古老的节气，也是一个重大的节日。

天子要在立春日，亲率诸侯、大夫迎春于东郊，行布德施惠之令。

山西民间流行着春字歌："春日春风动，春江春水流。春人饮春酒，春官鞭春牛。"讲的就是打春牛的盛况。

牧马

立春节，民间艺人制作许多小泥牛，称为“春牛”。送往各家，谓之“送春”。主人要给“送春”者以报酬。更实质上是一种佳节售货活动，然而却是皆大欢喜。也有的地方是在墙上贴一幅画有春牛的黄纸。黄色代表土地，春牛代表农事，俗称“春牛图”。

旧俗立春前一日，有两名艺人顶冠饰带，一称春官，一称春吏。沿街高喊：“春来了”，俗称“报春”。无论士、农、工、商，见春官都要作揖礼谒。报春人遇到摊贩商店，可以随便拿取货物、食品，店主笑脸相迎。

这一天，州、县要举行隆重的“迎春”活动。前面是鼓乐仪仗队担任导引；中间是州、县长官率领的所有僚属，皆穿官衣；后面是农民队伍，都执农具。来到城东郊，迎接先期制作好的芒神与春牛。

立春节，女孩子剪彩为燕，称为“春鸡”；贴羽为蝶，称为“春蛾”；缠绒为杖，称为“春杆”。戴在头上，争奇斗艳。

晋东南地区的女孩子们，喜欢交换这些头戴，传说主蚕兴旺。乡宁等地习惯用绢制作小娃娃，名为“春娃”，佩戴在孩童身上。晋北地区讲究缝小布袋，内装豆、谷等杂粮，挂在耕牛角上，取意六畜兴旺，五谷丰登，一年四季，平安吉祥。

立春节，民间习惯吃萝卜、姜、葱、面饼，称为“咬春”。运城地区新嫁女，娘家要接回，称为“迎春”。

◆雨水节气的由来

雨水是二十四节气中的第二个节气。每年的2月19日前后，是二十四节气的雨水。

此时，气温回升、冰雪融化、降水增多，故取名为雨水。雨水节气一般从2月18日或19日开始，到3月4日或5日结束。雨水和谷雨、小雪、大雪一样，都是反映降水现象的节气。

鱼塘春色

《月令七十二候集解》：“正月中，天一生水。春始属木，然生木者必水也，故立春后继之雨水。且东风既解冻，则散而为雨矣。”意思是说，雨水节气前后，万物开始萌动，春天就要到了。如在《逸周书》中就有雨水节后“鸿雁来”、“草木萌动”等物候记载。

中国古代将雨水分为三候：“一候獭祭鱼；二候鸿雁来；三候草木萌动。”此节气，水獭开始捕鱼了，将鱼摆在岸边如同先祭后食的样子；五天过后，大雁开始从南方飞回北方；再过五天，在“润物细无声”的春雨中，草木随地中阳气的上腾而开始抽出嫩芽。从此，大地渐渐开始呈现出一派欣欣向荣的景象。

雨水不仅表征降雨的开始及雨量增多，而且表示气温的升高。雨水前，天气相对来说比较寒冷。雨水后，人们则明显感到春回大地，春暖花开和春满人间，沁人的气息激励着身心。

全国大部分地区严寒多雪之时已过，下雨开始，雨量渐渐增多，有利于越冬作物返青或生长，抓紧越冬作物田间管理，做好选种、春耕、施肥等春耕春播准备工作。

七九、八九就使牛

在雨水节气的15天里，我们从“七九”的第六天走到“九九”的第二天，“七九河开八九燕来，九九加一九耕牛遍地走”，这意味着除了西北、东北、西南高原的大部分地区仍处在寒冬之中外，其他许多地区正在进行或已经完成了由冬转春的过渡，在春风雨水的催促下，广大农村开始呈现出一派春耕的繁忙景象。

如果说这些地区，“立春”是春天的第一乐章“奏鸣曲”：春意萌发、春寒料峭。雨水之后，便进入了春天的第二乐章“变奏曲”：气温回升、乍寒乍暖。

雨水期间“七九河开、八九雁来”，一幅冬末春初的风景。

这时冷暖空气的交锋，带来的已经不是气温骤降、雪花飞舞，而是春风春雨的降临。此时这一地区的平均气温都已经升到 0℃以上，甚至白天极端最高气温可达到 20℃,已经没有了降雪的条件,即便先人们以第一场春雨命名“雨水”,也是恰如其分的。

雨水时节,小麦进入了返青阶段,这时的小麦对水分的要求较高。而此时的雨量又是全年最少的时段。

雨水节气期间，中国的西北、东北依然没有走出冬天的范畴。有些地方还没有摆脱冬季的寒冷,天气仍以寒为主,降水也以雪为主。

雨水期间,除了云南南部地区已是春色满园以外，西南、江南的大多数地方还是一幅早春的景象:日光温暖、早晚湿寒,田野青青、春江水暖。

雨水农谚:

雨水节,雨水代替雪。

雨水非降雨,还是降雪期。

春雨贵如油。

七九河开,八九雁来。

七九六十三,路上行人把衣宽。

七九八九雨水节,种田老汉不能歇。

雨水到来地解冻,化一层来耙一层。

麦田返浆,抓紧松耪。

顶凌麦划耪,增温又保墒。

麦子洗洗脸,一垄添一碗。

麦润苗,桑润条。

种地别夸嘴,全凭肥和水。

粪大水勤,不用问人。

有收无收在于水,收多收少在于肥。

低产变高产,水是第一关。

黄河水可用不可靠,来水赶快把麦浇。

黄河水可用不可靠,来水快把白茬浇。

水来蓄满塘,用时不慌张。

蓄水如囤粮,水足粮满仓。

水满塘，粮满仓，塘中无水仓无粮。

水是庄稼血，肥是庄稼粮。

水是庄稼血，没有了不得。

水是金汤玉浆，灌满粮囤谷仓。

庄稼一枝花，全靠肥当家。

种地不上粪，等于瞎胡混。

人靠地养，地靠粪养。

会耕会耪，无粪不长。

粪是庄稼宝，离它长不好。

待要庄稼好，底粪要上饱。

地里铺上粪，家里座上囤。

春天粪筐满，秋天粮仓满。

春天比粪堆，秋后比粮堆。

◆雨水和“二月二”

“二月二”这一节日习俗起源很早，民间流传“二月二，龙抬头；大仓满，小仓流”，象征着春回大地，万物复苏。

它是从上古时期人们对土地的崇拜中产生、发展而来，在南、北地区形成了不同的节俗文化：南方为社日，北方为龙抬头节。

按照北方地区的旧俗，这一天，人人都要理发，意味着“龙抬头”走好运，给小孩理发叫“剃龙头”；妇女不许动针线，恐伤“龙

雨水

晴”；人们也不能从水井里挑水，要在头一天就将自家的水瓮挑得满满当当，否则就触动了“龙头”。

普通人家在这一天要吃面条、春饼、爆玉米花、猪头肉等，不同地域有不同的吃食，但大都与龙有关，普遍把食品名称加上“龙”的头衔，如吃水饺叫吃“龙耳”；吃春饼叫吃“龙鳞”；吃面条叫吃“龙须”；吃米饭叫吃“龙子”；吃馄饨叫吃“龙眼”。

南方二月二仍沿用祭社习俗，如在浙江、福建、广东、广西等地区；此外就是形成了既有类似龙抬头节习俗，又以祭社习俗为主的新二月二习俗，如在桂东客家地区。

土地神古称社、社神，传说是管理一方土地之神。由于地载万物、聚财于地，人类产生了对土地的崇拜。

进入农业社会后，又把对土地的信仰与农作物的丰歉联系在一起。

中国南方普遍奉祀土地神，又称土神、福德正神，客家人称土地伯公。

二月二社日习俗内容丰富，主要活动是祭祀土地和聚社会饮，借敬神、娱神而娱人。

◆惊蛰意味着天气回暖

惊蛰——春雷乍动，惊醒了蛰伏在土壤中冬眠的动物。这时气温回升较快，渐有春雷萌动。每年公历的3月5日左右为惊蛰。二十四节气之一。蛰是藏的意思。

中国古代将惊蛰分为三候：“一候桃始华；二候仓庚（黄鹂）鸣；三候鹰化为鸠。”描述已是桃花红、李花白，黄莺鸣叫、燕飞来的时节，大部分地区都已进入了春耕。

江南

早迟各不相同，就多年平均而言，云南南部在1月底前后即可闻雷，而北京的初雷日却在4月下旬。“惊蛰始雷”的说法则与沿江江南地区的气候规律相吻合。

“春雷响，万物长”，惊蛰时节正是大好的“九九”艳阳天，气温回升，雨水增多。

除东北、西北地区仍是银妆素裹的冬日景象外，中国大部分地区平均气温已升到0℃以上，华北地区日平均气温为3~6℃，沿江江南为8℃以上，而西南和华南已达10~15℃，早已是一派融融春光了。

所以中国劳动人民自古很

惊醒了蛰伏在泥土中冬眠的各种昆虫的时候，此时过冬的虫卵也要开始卵化，由此可见惊蛰是反映自然物候现象的一个节气。

晋代诗人陶渊明有诗曰：“促春遘时雨，始雷发东隅，众蛰各潜骇，草木纵横舒。”实际上，昆虫是听不到雷声的，大地回春，天气变暖才是使它们结束冬眠，“惊而出走”的原因。

中国各地春雷始鸣的时间

重视惊蛰节气，把它视为春耕开始的日子。唐诗有云：“微雨众卉新，一雷惊蛰始。田家几日闲，耕种从此起。”

农谚也说：“过了惊蛰节，春耕不能歇”“九尽杨花开，农活一齐来。”华北冬小麦开始返青生长，土壤仍冻融交替，及时耙地是减少水分蒸发的重要措施。

“惊蛰不耙地，好比蒸馍走了气”，这是当地人民防旱保墒的宝贵经验。沿江江南小麦已经拔节，油菜也开始见花，对水、肥的要求均很高，应适时追肥，干旱少雨的地方应适当浇水灌溉。

南方雨水一般可满足菜、麦及绿肥作物春季生长的需要，防止湿害则是最重要的。俗话说：“麦沟理三交，赛如大粪浇”“要得菜籽收，就要勤理沟”。

必须继续搞好清沟沥水工作。华南地区早稻播种应抓紧进行，同时要做好秧田防寒工作。随着气温回升，茶树也渐渐开始萌动，应进行修剪，并及时追施“催芽肥”，促其多分枝，多发叶，提高茶叶产量。桃、梨、苹果等果树要施好花前肥。

“春雷惊百虫”，温暖的气候条件利于多种病虫害的发生和蔓延，田间杂草也相继萌发，应及时搞好病虫害防治和中耕除草。

“桃花开，猪瘟来”，家禽家畜的防疫也要引起重视了。

农谚“到了惊蛰节，锄头不停歇。”到了惊蛰，中国大部地区进入春耕大忙季节。真是：季节不等人，一刻值千金。

大部分地区惊蛰节气平均气温一般为12℃至14℃，较雨水节气升高3℃以上，是全年气温回升最快的节气。日照时数也有比较明显的增加。但是因为冷暖空气交替，天气不稳定，气温波动甚大。

华南东南部长江河谷地区，多数年份惊势期间气温稳定在12℃以上，有利于水稻和玉米播种，其余地区则常有连续 3 天以上日平均气温在 12℃ 以下的低温天气出现，不可盲目早播。

惊蛰虽然气温升高迅速，但是雨量增多却有限。华南中部和西北部惊蛰期间降雨总量仅 10 毫米左右，继常年冬干之后，春旱常常开始露头。这时小麦孕穗、油菜开花都处于需水较多的时期，对水分要求敏感，春旱往往成为影响小春产量的重要因素。

植树造林也应该考虑这个气候特点，栽后要勤于浇灌，努力提高树苗成活率。

中国南方大部分地区，常年雨水、惊蛰亦可闻春雷初鸣；而华南西北部除了个别年份以外，一般要到清明才有雷声，为中国南方大部分地区雷暴开始最晚的地区。

惊蛰时节，春光明媚，万象更新。通过细致观察，积累物候知识，对于因地制宜地安排农事活动是会有帮助的。

惊蛰农事农谚：

春雷一响，惊动万物。

春雷响，万物长。

惊蛰春雷响，农夫闲转忙。

二月莫把棉衣撤，三月还下桃花雪。

惊蛰有雨并闪雷，麦积场中如土堆。

二月打雷麦成堆。

惊蛰地气通。

惊蛰断凌丝。

地化通，见大葱。

九尽杨花开，春种早安排。

九九八十一，家里做饭地里吃。

九九加一九，遍地耕牛走。

冻土化开，快种大麦。

“八九”雁来

◆春分正当春季三个月之中

春分，古时又称为“日中”、“日夜分”，在每年的3月20日或21日，这时太阳到达黄经0度。

《春秋繁露·阴阳出入上下篇》说：“春分者，阴阳相半也，故昼夜均而寒暑平。”所以，春分的意义，一是指一天时间白天黑夜平分，各为12小时；二是交时以立春至立夏为春季，春分正当春季三个月之中，平分了春季。

中国古代将春分分为三候：“一候元鸟至；二候雷乃发声；三候始电。”便是说春分日后，燕子便从南方飞来了，下雨时天空便要打雷并发出闪电。

3月20日或21日是二十四节气的春分，太阳运行到黄经0度，春分点时开始春分节气。分者半也，这一天为春季的一半，故叫春分。

春分这一天阳光直射赤道，昼夜几乎相等，其后阳光直射位置逐渐北移，开始昼长夜短。

春分节气，东亚大槽明显减弱，西风带槽脊活动明显增多，蒙古到东北地区常有低压活动和气旋发展，低压移动引导冷空气南下，北方地区多大风和扬沙天气。当长波槽东移,受冷暖气团交汇影响,会出现连续阴雨和倒春寒天气。

春分时节,除了全年皆冬的高寒山区和北纬 45° 以北的地区外,全国各地日平均气温均稳定升达 0℃以上,严寒已经逝去,气温回升较快,尤其是华北地区和黄淮平原,日平均气温几乎与多雨的沿江江南地区同时升达 10℃以上而进入明媚的春季。

辽阔的大地上,岸柳青青,莺飞草长,小麦拔节,油菜花香,桃红李白迎春黄。而华南地区更是一派暮春景象。

从气候规律说,这时江南的降水迅速增多,进入春季"桃花汛"期;在"春雨贵如油"的东北、华北和西北广大地区降水依然很少,抗御春旱的威胁是农业生产上的主要问题。

"春分麦起身,一刻值千金",北方春季少雨的地区要抓紧春灌,浇好拔节水,施好拔节肥,注意防御晚霜冻害;南方仍需继续搞好排涝防渍工作。

江南早稻育秧和江淮地区早稻薄膜育秧工作已经开始,早春天气冷暖变化频繁,要注意在冷空气来临时浸种催芽,冷空气结束时抢晴播种。

春雷乍动

"冷尾暖头,下秧不愁。"要根据天气情况,争取播后有 3-5 个晴天,以保一播全苗。春茶已开始抽芽，应及时追施速效肥料，防治病虫害，力争茶叶丰产优质。

“二月惊蛰又春分，种树施肥耕地深。”春分也是植树造林的极好时机，古诗就有“夜半饭牛呼妇起，明朝种树是春分”之句。

春分是反映四季变化的节气之一。中国古代习惯以立春、立夏、立秋、立冬表示四季的开始。春分、夏至、秋分、冬至则处于各季的中间。

春分这天，太阳光直射赤道，地球各地的昼夜时间相等，所以古代春分秋分又称为“日夜分”，民间有“春分秋分，昼夜平分”的谚语。

春分后，中国南方大部分地区越冬作物进入春季生长阶段。华中有“春分麦起身，一刻值千金”的农谚。

南方大部分地区各地气温则继续回升，但一般不如雨水至春分这段时期上升得快。3月下旬平均气温华南北部多为13℃至15℃，华南南部多为15℃至16℃。

高原大部分地区已经雪融冰消，旬平均气温约5℃至10℃。中国南方大部分地区等河谷地区气温最高，平均已达18℃至20℃左右。南方除了边缘山区以外，平均十有七八年日平均气温稳定上升到12℃以上，有利于水稻、玉米等作物播种，植树造林也非常适宜。

但是，春分前后华南常常有一次较强的冷空气入侵，气温显著下降，最低气温可低至5℃以下。有时还有小股冷空气接踵而至，形成持续数天低温阴雨，对农业生产不利。根据这个特点，应充分利用天气预报，抓住冷尾暖头适时播种。

春分这一天阳光直射赤道，

春雷惊百虫

昼夜几乎相等，所不同的是北半球是春天，南半球是秋天，其后阳光直射位置逐渐北移，北半球所得到的太阳辐射逐渐增多，天气一天天变暖，同时白昼渐长，黑夜渐短。

春分节气，受冷暖气团交汇影响，雨水也要多起来。取而代之的是云层渐厚，雨水如注。

俗话讲："春分麦起身，肥水要紧跟"。一场春雨一场暖，春雨过后忙耕田。春季大忙季节就要开始了，春管、春耕、春种即将进入繁忙阶段。

春分过后，越冬作物进入生长阶段，要加强田间管理。由于气温回升快，需水量相对较大，农民朋友要加强蓄水保墒。

春分的农谚：

春分一到昼夜平，
耕田保墒要先行。

春分早立夏迟，
清明种田正当行。

春分前后怕春霜，
一见春霜麦苗伤。

春分麦起身，
一刻值千金。

春分有雨家家忙，
先种瓜豆后插秧。

春分甲子雨绵绵，
夏分甲子火烧天。

春分种菜，
大暑摘瓜。

春分种麻种豆，
秋分种麦种蒜。

春分风多雨水少，
土地解冻起春潮。

稻田平整早翻晒，
冬麦返青把水浇。

◆春分竖蛋的奥秘

在每年的春分那一天，世界各地都会有数以千万计的人在做“竖蛋”试验。这一被称之为“中国习俗”的玩艺儿，何以成为“世界游戏”，目前尚难考证。

不过其玩法确简单易行且富有趣味：选择一个光滑匀称、刚生下四五天的新鲜鸡蛋，轻手轻脚地在桌子上把它竖起来。虽然失败者颇多，但成功者也不少。

春分成了竖蛋游戏的最佳时光，故有“春分到，蛋儿俏”的说法。竖立起来的蛋儿好不风光。

春分这一天为什么鸡蛋容易竖起来？虽然说法颇多，但其中的科学道理真不少。首先，春分是南北半球昼夜都一样长的日子，呈66.5度倾斜的地球地轴与地球绕太阳公转的轨道平面处于一种力的相对平衡状态，有利于竖蛋。

其次，春分正值春季的中间，不冷不热，花红草绿，人心舒畅，思维敏捷，动作利索，易于竖蛋成功。更重要的是，鸡蛋的表面高低不平，有许多突起的“小山”。“山”高0.03毫米左右，山峰之间的距离在0.5至0.8毫米之间。

根据三点构成一个三角形和决定一个平面的道理，只要找到三个“小山”和由这三个“小山”构成的三角形，并使鸡蛋的重心线通过这个三角形，那么这个鸡蛋就能竖立起来了。

此外，最好要选择生下后4至5天的鸡蛋，这是因为此时鸡蛋的蛋黄素带松弛，蛋黄下沉，鸡蛋重心下降,有利于鸡蛋的竖立。

竖立鸡蛋不仅有许多科学道理,而且还包含很多丰富深邃的哲学思想。意大利著名航海家哥伦布横渡茫茫大西洋,发现了美洲新大陆,有人对其发现不以为然,甚至讥其为“纯属偶然”。

春分竖蛋

在一次庆功大会上,哥伦布提议宴会上的先生女士小姐尝试一下,能不能把桌上的鸡蛋竖立起来,结果没有一个成功。

哥伦布说，现在看我表演。他把鸡蛋磕下去，鸡蛋壳破了，蛋也就竖立起来了。然后他说，这就是我的发现，的确十分容易,但是,为什么你们不会?

鸡蛋匀称光滑的曲线是它难以竖立起来的原因,也是它的魅力所在。欧洲文艺复兴时期的著名画家达·芬奇，曾经废寝忘食两年多，天天练画蛋曲线，这为他后来成功地塑造蒙娜丽莎神秘的微笑打下了坚实的基础。

我国民间把脸庞称为“脸蛋”，并以蛋形作为脸庞美丽与否的标准,充分说明了我国人民高超的美学鉴赏水平和蛋形的美学属性。可是,在很长一段时间里,人们一直找不到蛋形曲线的数学表达式,就连数学家也只能凭借直尺和圆规来近似做出蛋曲线。

难怪画了成千上万个蛋圆的画家也说,没有两个是一模一样的。

◆清明节是春季仪式

清明节是中国最重要的传统节日之一。它不仅是人们祭奠祖先、缅怀先人的节日，也是中华民族认祖归宗的纽带，更是一个远足踏青、亲近自然、催护新生的春季仪式。

作为清明节重要节日内容的祭祀、踏青等习俗则主要来源于寒食节和上巳节。

寒食节与古人对于自然的认识相关。在中国，寒食之后重生新火就是一种辞旧迎新的过渡仪式，透露的是季节交替的信息，象征着新季节、新希望、新生命、新循环的开始。后来则有了“感恩”意味，更强调对“过去”的怀念和感谢。

寒食禁火冷食祭墓，清明取新火踏青出游。唐代之前，寒食与清明是两个前后相继但主题不同的节日，前者怀旧悼亡，后者求新护生；一阴一阳，一息一生，二者有着密切的配合关系。

禁火是为了出火，祭亡是为了佑生，这就是寒食与清明的内在文化关联。

唐玄宗时，朝廷曾以政令的形式将民间扫墓的风俗固定在清明节前的寒食节，由于寒食与清明在时间上紧密相连，寒食节俗很早就与清明发生关联，扫墓也由寒食顺延到了清明。

入宋之后，清明和寒食逐渐合而为一，清明将寒食节中的祭祀习俗收归名下。同时，上巳节“上巳春嬉”的节俗也被合并到了清明节。到了明清以后，上巳节退出了节日系统，寒食节也已基本消亡。春季只剩一个清明节。

清明节是几乎所有春季节日的综合与升华，清明节俗也就具有了更加丰富的文化内涵。

与其他传统大节不一样，清明节是融合了“节气”与“节俗”的综合节日。

清明从节气上正排在春分之后，此时天气回暖，到处生机勃勃，人们远足踏青，亲近自然，可谓顺应天时，有助于吸纳大自然纯阳之气，驱散积郁寒气和抑郁心情，有益于身心健康。

唐代开始，寒食与清明并列放假，不同年号分别有四至七天的假期。宋代是生活日趋都市化的时代，也是民俗向娱乐方向发展的时代。

为了让人们能够在清明扫墓、踏青，特地规定太学放假三日，武学放假一日。《清明上河图》描绘的就是当时盛世清明图景。

清明扫墓与踏青，本来是两个不同的文化主题，宋以后慢慢融为一体，并不断地被赋予肯定的文化意义。

人们把祭祀先人与中华民族重视孝道、慎终追远的民族性格直接联系起来，认为清明节俗体现了中国人感恩、不忘本的道德意识。

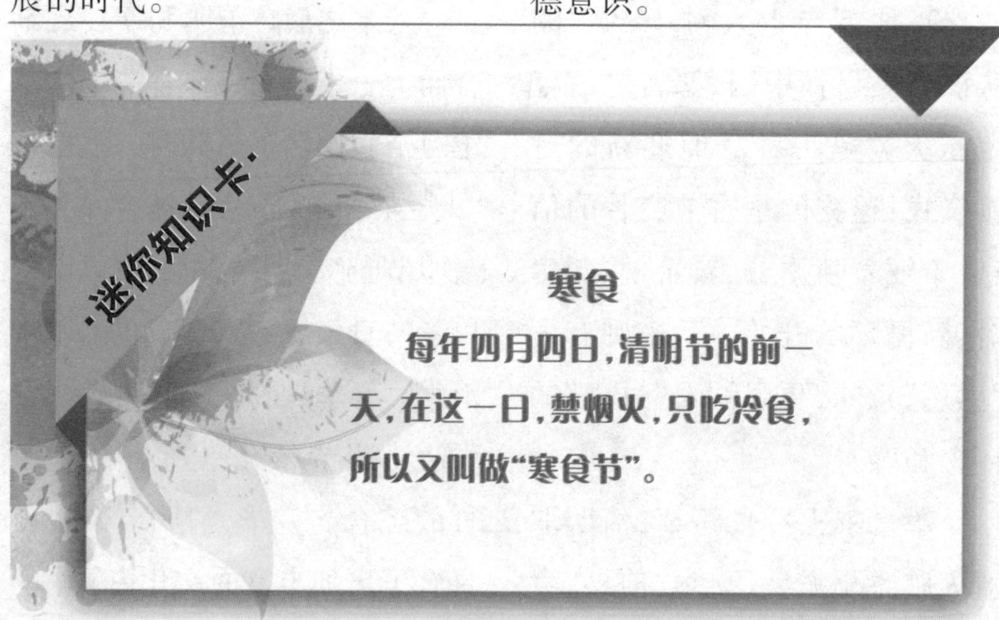

寒食

每年四月四日，清明节的前一天，在这一日，禁烟火，只吃冷食，所以又叫做“寒食节”。

第四章

二十四节气之谷雨、立夏、小满和芒种

◆谷雨有利谷类作物的生长

谷雨是二十四节气之一。谷雨指雨水增多，大大有利谷类农作物的生长。每年4月20日或21日视太阳到达黄经30度时为谷雨。

《月令七十二候集解》："三月中，自雨水后，土膏脉动，今又雨其谷于水也。雨读作去声，如雨我公田之雨。盖谷以此时播种，自上而下也。"这时天气温和，雨水明显增多，对谷类作物的生长发育关系很大。

谷雨

雨水适量有利于

越冬作物的返青拔节和春播作物的播种出苗。古代所谓“雨生百谷”,反映了“谷雨”的现代农业气候意义。但雨水过量或严重干旱,则往往造成危害,影响后期产量。谷雨在黄河中下游,不仅指明了它的农业意义,也说明了“春雨贵如油”。中国古代将谷雨分为三候:“第一候萍始生;第二候鸣鸠拂其羽;第三候为戴任降于桑。”是说谷雨后降雨量增多,浮萍开始生长,接着布谷鸟便开始提醒人们播种了,然后是桑树上开始见到戴胜鸟。

谷雨——雨水增多,大大有利谷类作物的生长。公历每年4月20日前后为谷雨。

谷雨节气，东亚高空西风急流会再一次发生明显减弱和北移,华南暖湿气团比较活跃,西风带自西向东环流波动比较频繁，低气压和江淮气旋活动逐渐增多。受其影响,江淮地区会出现连续阴雨或大风暴雨。

“谷雨前，好种棉”，又云:“谷雨不种花,心头像蟹爬”。自古以来,棉农把谷雨节作为棉花播种指标，编成谚语，世代相传。 谷雨节的天气谚语大部分围绕有雨无雨这个中心,如“谷雨阴沉沉，立夏雨淋淋”“谷雨下雨,四十五日无干土”等。

◆谷雨与牡丹花的传说

相传,唐代高宗年间,黄河

谷雨时节

决堤，水淹曹州。黄水滚滚淹没千顷良田，摧毁房屋，军民溺死无数。有一个水性极好的青年，名叫谷雨，他推着一只大木箱游水将年迈的母亲送上城墙后，又从洪水中救出十几位乡亲。

这时的谷雨已是精疲力尽，他整整一天没吃东西，肚子饿得咕咕叫，蹲在城墙上，望着翻滚的洪水发呆。突然，他看见洪水中有一棵牡丹时沉时浮，绯红的花朵像少女的脸，绿色的叶儿在水面上摆动，好像在摆手呼救。

谷雨脱下衣服扔给母亲，“扑通”一声跳进水中，向牡丹游去。水急浪高，谷雨费了好大劲才靠近牡丹，眼看就要抓住花叶，忽然一个浪头打来，将牡丹冲出一丈开外。

谷雨紧追不放，牡丹一会儿沉入水下，一会儿又漂浮上来。谷雨游啊，游啊，在水中足足游了两个时辰。

过度的疲劳使他感到头昏目眩，两条腿像坠上了两块大石头一样沉，拨水的两只胳膊也不听使唤了，站在城墙上的母亲为儿子捏着一把汗，乡亲们高声喊叫着让谷雨回来，谷雨不理不睬，在波涛中拼命地追寻着牡丹。

又过了一个时辰，牡丹挂在一棵被洪水冲倒的大树枝上，谷雨才追上了牡丹。他双手将牡丹捧起艰难地游了回来。上岸后，他站立不稳，跌倒在城墙上，面色苍白，气喘吁吁，将牡丹交给身旁一个老汉。这老汉叫赵老大，是个栽花能手。

赵老大双手颤抖着接过牡丹说：“孩子，你放心！等洪水退下去，把这棵社丹栽到我那百花园中，我会好好照顾它！”

转眼两年过去了。这年春天，谷雨的母亲得了重病，卧床不起，人瘦得皮包骨头，说话的力气都没有了。

谷雨心中着急，四处求医，房中能卖的东西都换汤药吃了，病情仍不见好转。这天，谷雨向赵老大借了二两银子，正要去给母亲抓药，一位少女飘然走进草房。

这女子像画上的仙女一样美，红衣，红裙，红红的脸颊，红嘴唇，鬓角插着一支绯红色的花，弯弯的细眉下一双大眼睛紧盯着谷雨，微微一笑问道："你就是谷雨吧？"谷雨急忙点头。

牡丹花

少女说："我叫丹凤，家住东村。我家世代行医，为百姓治病。听说大娘身体欠安，特来送药。"说着，展开手中红巾，将一服草药放在桌上，草房里里顿时一阵清香。谷雨不知如何是好，急忙掏出银子递过去。

丹凤说："给贫民百姓医病，我不收银钱。"说着走到床前。谷雨的母亲听到声音强睁双服，感激地望着丹凤姑娘，示意她坐下。

丹凤俯身望着大娘，甜甜地说："大娘，我去给你煎药，吃下这服药你的病就会好转！"谷雨听说丹凤煎药，急忙去提水，抱柴，丹凤忙着烧火、煎药。

不一会儿工夫，二人把汤药

煎好，丹凤又侍候大娘将药服下。说也怪，大娘服药后，顿时有了精神，浑身轻松，病去了大半。只想下床走动。

谷雨眼望着丹凤，心里感激，口里却说不出半句话来。丹凤姑娘看着憨厚的谷雨嫣然一笑，说了句“我明日再来，”像一团火飘然而去。

一连三天，丹凤姑娘都来给大娘送药，谷雨见到丹凤，也不像第一天那样拘束了。二人有说有笑，像亲兄妹一样。不久，谷雨母亲的身体居然恢复得比病前还要硬朗，脸上的皱纹少了，头上的白发黑了，觉得身上有用不完的力气。

她见谷雨和丹凤那样亲近，别提有多高兴了心里想，我若有这样一个儿媳妇该多好啊！她想托人去说媒，又怕丹凤不肯嫁到这穷家破舍来。

思前想后，还是自己暗地里问问丹凤，听听她的口气吧！说不定姑娘看中了谷雨，不嫌弃呢！谁知自从谷雨母亲病好之后，丹凤姑娘却再也没有来过，大娘天天等，谷雨天天盼。天不亮，娘俩就往大门口往东张望。

“丹凤姑娘今天准会来！”母亲说。

“她准会来！”谷雨说。

日落了，黄昏了，仍不见丹凤姑娘的影子。母亲说：“东村离咱家不远，你买点礼物到东村去看看丹凤姑娘吧！”

谷雨提着一篮礼物走了。他到东村一打听，东村没有行医的人家，更没有丹凤这个姑娘。谷雨又往东跑了几个村庄，也没找到丹凤的家。

谷雨闷闷不乐地往回走，路过赵老大的百花园，忽然听到园中有女子嬉笑的声音，声音是那样熟悉！“是丹凤！”谷雨扒开桑树篱笆，往园中张望，只见丹凤和另外几个女子在月光下戏要。

他情不自禁地喊了一声；“丹凤！”只听一阵风响，几个女子无影无踪。谷雨感到奇怪，急急奔进园中四处寻找，口里还说着：“你们不要躲藏。弄折了牡丹花，赵大爷要生气的！”找了半天，也没找到丹凤。

江南民居

谷雨心想，莫非我是在做梦？不！我清清楚楚地看见丹凤了：红衣，红裙，红红的脸颊，红红的嘴唇，鬓角插着一支绯红色的花。

谷雨百思不解地蹲在花丛中，看眼前一株红牡丹摇来摆去，他突然想到：“那丹凤姑娘莫非是牡丹仙女？”他围着红牡丹转来转去，月光下，那碗口大的花朵好像在冲着他顽皮地笑。

谷雨深深作了一揖，说道；“多蒙丹凤姑娘妙手回春，治好了母亲的病！老人家这几日常常想念你，请仙女现身，随为兄回家一叙！”

谷雨说罢，偷眼观看牡丹，见一页红纸飘飘落地，他急忙捡起，见上面写着两行字：“待到明年四月八，奴到谷门去安家。”谷雨手拿红纸高兴地跳起来，对着牡丹拜了三拜，飞也似地住家跑去。

谷雨见到母亲，将寻找丹凤的经过和在百花园中见到的情景说给母亲听，母亲喜得两眼冒泪花。从此以后，谷雨经常去百花园，帮助赵老大管理牡丹。

一日夜半，谷雨睡梦中正与丹凤拜堂成亲，突然被敲门声惊醒，他翻身下床。开门一看，面前站的竟是丹凤姑娘！只见她披头散发，衣裙不整，面带伤痕，气喘吁吁。

谷雨的母亲急忙把丹凤拉进草房、连声追问："是哪个欺负孩儿了？"

丹凤姑娘手拉着母亲。眼望着谷雨，泪水像断了线的珍珠落了下来："我是牡丹花仙，大山头秃鹰是我家仇人，它欺弱杀贫，伤害生灵，是个无恶不作的魔怪。近日它得了重病，逼我们姐妹上山去酿造花蕊丹酒，为它医病。我们姐妹不答应，秃鹰便派兵来抢；我们姐妹难以抵挡。丹凤今日前去，只怕难以回转，纵然不死。取血酿酒之后，我也难以成仙了！临行之时，我来拜别大娘、兄长。"说着以膝跪在地上，泣不成声。

谷雨急忙将丹凤搀起，四目相对，心如火焚。此时，只听夜空中打雷似的一声轰响，几个魔鬼将草房团团围住。

为首的赤发妖魔大声喊叫："速将牡丹花妖放出！牙嘣半个不字，我叫草房化为灰烬！"谷雨急忙将门紧闭，谷雨的母亲紧紧地把丹凤搂在怀里。

外边吼声震天，道道火光刺眼明亮。丹风挣脱身子拜了两拜，说道：'大娘，兄长，丹风不想连累你们，我要去了！"说罢夺门而去。

谷雨哭喊着扑向门外，摔倒在地。赤发妖魔哈哈大笑，将丹风绳捆索绑，直奔大山头飞去。

丹风和众仙女被秃鹰抢去之后，百花园中的牡丹枯死了！谷雨的母亲眼哭瞎了！赵老大病卧在床起不来了，谷雨整天不声不响，在一块大石头上"嚓嚓"磨着斧头！

纯净白牡丹

母亲知道儿子的心，对谷雨说："去吧，把斧子磨好，去杀死秃鹰，放出丹凤姑娘！"她从枕下摸出一包药，放在儿子手里，说，"带上它，用得着！"

谷雨走了，他走了二十八天半，来到大山头。那山光秃秃的，一根树苗都不长。秃鹰藏在什么地方？丹凤在何处酿酒？

谷雨围着山转了一圈又一圈，连个洞都找不到。他真想放开嗓子喊两声丹凤，又怕惊动妖魔，更难下手，便坐在离山较远的乱坟岗子观察山上的动静。一天过去了，不见妖魔的踪迹；两天过去了，也不见丹凤的影子。

谷雨在乱坟岗子上等了三天三夜，滚油浇心一样难受！第四天天刚亮，谷雨提起板斧，要去劈山寻找。忽然，右边一座大坟旁冒出一股白烟，谷雨急忙趴在一座坟旁。

少时，冒白烟的地方出来两个小妖，抬着一只大筐，唧唧咕咕地说着话奔大山头去了。等两个小妖走远，谷雨跑去一看，原来秃鹰的洞口就在脚下，他手握板斧跳进洞去，到了洞底站稳脚跟，摸着洞壁往里走，足足走了二里路远，方看见亮光。

洞越走越大，在眼前出现了三条路，该往哪里走啊？谷雨正在犹豫，听见侧洞中有哭泣之声，谷雨悄悄摸进侧洞，见丹凤和三名花仙都被绑在·根石柱子上，她们浑身都变成了白色！

谷雨悲凄地喊了一声猛扑过去，丹凤看见谷雨，一颗心好像撕成了两半，想不到谷雨有如此大的胆量。

敢闯入魔洞，前来救她！

她望着谷雨泪如下雨下：“凭你一把板斧，怎能救我们出洞！你快走吧！”谷雨说：“我把绳索砍断，咱们五人去把秃鹰杀死！”

丹凤着急地说：“你不要莽撞！它们妖多势众，都守护在秃鹰身旁，难以下手！再说我们姐妹因不给秃鹰酿酒，它便命小妖去大山头抬来石灰，每天烤煮我们，如今姐妹元气大伤，更难敌它！”

谷雨悲愤难忍，挥动板斧要砍断绳索，刚把胳膊抬起，一包药从怀中掉出来，他想起母亲的话，突然有了主意，劝丹凤答应为秃鹰酿酒，暗中将药放入酒中……谷雨和众仙女正在商议如何除妖，去抬石灰的两个小妖回来了，谷雨急忙躲在石后。

丹凤和众仙女叫小妖转告秃鹰，为了早日解脱苦难，愿意为秃鹰酿酒。并说，此酒不但能治病，若多饮一杯，便可长生不老。秃鹰被疾病折磨得非常难受，命丹凤和众花仙速速酿酒。

丹凤和众花仙酿造了两坛酒，一坛送给秃鹰，一坛留给众小妖。众妖听说饮此酒能长生不老，早就流口水了。秃鹰捧坛刚吃了一半，另一坛已被众妖争吃一空。

酒到口中，非常香甜，少时便觉头重脚轻，四肢麻木。谷雨见时机已到，手持板斧，冲了出来。秃鹰大叫一声："不好！"便与谷雨打了起来。众花仙与众小妖也厮杀在一起。

秃鹰久病不愈、又喝了药酒，虽有妖术也难以施展。战了不到两个回合，便被谷雨一斧砍倒在地。

众小妖二目昏花，手脚不灵，只见眼前人影乱晃，有的把石头当人，胡抓乱打；有的把同类看成仙女，相互残杀，你挤我撞，吱吱怪叫。

谷雨挥动板斧，如车轮转动一般左杀右砍，霎时将众妖斩尽。

丹凤手拉谷雨与众花仙正要出洞，一支飞剑刺来，穿透了谷雨的心，他大叫一声，倒在血泊之中！原来秃鹰虽受重伤，并没咽气，它见谷雨欲走，从背后下了毒手。

丹凤恼怒万分，拿起谷雨的板斧，将垂死挣扎的秃鹰砍成了肉泥！回转身来，抱起谷雨的尸体，泣不成声。

谷雨死了。他被埋葬在赵老大的百花园中。从此，牡丹和众花仙都在曹州安了家，每逢谷雨时节，牡丹就要开放，表示对谷雨的怀念。

◆立夏时节万物繁茂

我国自古习惯以立夏作为夏季开始的日子，《月令七十二候集解》中说："立，建始也""夏，假也，物至此时皆假大也"。这里的"假"，即"大"的意思。

实际上，若按气候学的标准，日平均气温稳定升达22℃以上为夏季开始，"立夏"前后，我国只有福州到南岭一线以南地区真正进入夏季，而东北和西北的部分地区这时则刚刚进入春季，全国大部分地区平均气温在18℃至20℃上下，正是“百般红紫斗芳菲”的仲春和暮春季节。

立夏时节，万物繁茂。明人《莲生八戕》一书中写有：“孟夏之日，天地始交，万物并秀。”这时夏收作物进入生长后期，冬小麦扬花灌浆，油菜接近成熟，夏收作物年景基本定局，故农谚有“立夏看夏”之说。

立夏

水稻栽插以及其他春播作物的管理也进入了大忙季节。

据记载，周朝时，立夏这天，帝王要亲率文武百官到郊外“迎夏”，并指令司徒等官去各地勉励农民抓紧耕作。

立夏以后，江南正式进入雨季，雨量和雨日均明显增多，连绵的阴雨不仅导致作物的湿害。还会引起多种病害的流行。

小麦抽穗扬花是最易感染赤霉病的时期，若预计未来有温暖但多阴雨的天气，要抓紧在始花期到盛花期喷药防治。

南方的棉花在阴雨连绵或乍暖乍寒的天气条件下，往往会引起炭疽病、立枯病等病害的暴发，造成大面积的死苗、缺苗。应及时采取必要的增温降湿措施，并配合药剂防治，以保全苗争壮苗。

“多插立夏秧，谷子收满仓”，立夏前后正是大江南北早稻插秧的火红季节。“能插满月秧，不薅满月草”，这时气温仍较

万物繁荣

低，栽秧后要立即加强管理，早追肥，早耘田，早治病虫，促进早发。

中稻播种要抓紧扫尾。茶树这时春梢发育最快，稍一疏忽，茶叶就要老化，正所谓“谷雨很少摘，立夏摘不辍”，要集中全力，分批突击采制。

立夏前后，华北、西北等地气温回升很快，但降水仍然不多，加上春季多风，蒸发强烈，大气干燥和土壤干旱常严重影响农作物的正常生长。

尤其是小麦灌浆乳熟前后的干热风更是导致减产的重要灾害性天气，适时灌水是抗旱防灾的关键措施。

“立夏三天遍地锄”，这时杂草生长很快，“一天不锄草，三天锄不了。”中耕锄草不仅能除去杂草，抗旱防渍，又能提高地温，加速土壤养分分解，对促进棉花、玉米、高粱、花生等作物苗期健壮生长有十分重要的意义。

在天文学上，立夏表示即将告别春天，是夏日天的开始。人们习惯上都把立夏当作是温度明显升高，炎暑将临，雷雨增多，农作物进入旺季生长的一个重要节气。

立夏后，是早稻大面积栽插的关键时期，而且这时期雨水来临的迟早和雨量的多少，与日后收成关系密切。

农谚说得好:“立夏不下,犁耙高挂”“立夏无雨,碓头无米”民间还有畏忌夏季炎热而称体重的习俗,据说这一天称了体重之后,就不怕夏季炎热,不会消瘦,否则会有病灾缠身。

江西一带还有立夏饮茶的习俗,说是不饮立夏茶,会一夏苦难熬。早在古代的君王们也常在夏季初始的日子,到城外去迎夏,迎夏的日子就是立夏日。

◆立夏吃罢中饭称人的习俗

立夏吃罢中饭还有称人的习俗。人们在村口或台门里挂起一杆大木秤,秤钩悬一根凳子,大家轮流坐到凳子上面称人。

司秤人一面打秤花,一面讲着吉利话。称老人要说“秤花八十七,活到九十一”。称姑娘说“一百零五斤,员外人家找上门。勿肯勿肯偏勿肯,状元公子有缘分。”

称小孩则说“秤花一打二十三,小官人长大会出山。七品县官勿犯难,三公九卿也好攀”。打秤花只能里打出,不能外打里。

至于这一风俗的由来,民间相传与孟获和刘阿斗的故事有关。据说孟获被诸葛亮收服,归顺蜀国之后,对诸葛亮言听计从。

诸葛亮临终嘱托孟获每年要来看望蜀主一次。诸葛亮嘱吒之日,正好是这年立夏,孟获当即去拜阿斗。

从此以后,每年夏日,孟获都依诺来蜀拜望。过了数年,晋武帝司马炎灭掉蜀国,掳走阿斗。而孟获不忘丞相这托,每年立夏带兵去洛阳看望阿斗,每次去则都要称阿斗的重量,以验证阿斗是否被晋武帝亏待。

他扬言如果亏待阿斗,就要起兵反晋。晋武帝为了迁就孟获,就在每年立夏这天,用糯米加豌豆煮成中饭给阿斗吃。阿斗见豌豆糯米饭又糯又香，就加倍吃下。

孟获进城称人，每次都比上年重几斤。阿斗虽然没有什么本领，但有孟获立夏称人之举，晋武帝也不敢欺侮他，日子也过得清静安乐，福寿双全。

这一传说，虽与史实有异，但百姓希望的即是“清静安乐，福寿双全”的太平世界。立夏称人会对阿斗带来福气，人们也祈求上苍给他们带来好运。

◆小满时麦子开始成熟

大约每年公历5月21日这天为小满。

“一候苦菜秀；二候靡草死；三候麦秋至。”是说小满节气中，苦菜已经枝叶繁茂；而喜阴的一些枝条细软的草类在强烈的阳光下开始枯死；此时麦子开始成熟。

小满是二十四节气之一。每年5月21日或22日视太阳到达黄径60度时为小满。

《月令七十二候集解》：“四月中，小满者，物致于此小得盈满。”这时全国北方地区麦类等夏熟作物籽粒已开始饱满，但还没有成熟，约相当乳熟后期，所以叫小满。

此时宜抓紧麦田虫害的防治，预防干热风和突如其来的雷雨大风的袭击。南方宜抓紧水稻的追肥、耘禾，促进分蘖，抓紧晴天进行夏熟作物的收打和晾晒。

小满以后，黄河以南到长江中下游地区开始出现35℃以上的高温天气，有关部门和单位应注意防暑工作。“小满”时节谨防灾 。

小满是二十四节气中第八个节气。“斗指甲为小满，万物长于此少得盈满，麦至此方小满而

麦田

“立夏小满正栽秧”“秧奔小满谷奔秋”，小满正是适宜水稻栽插的季节。

从气候特征来看，在小满节气到下一个芒种节气期间，全国各地都是渐次进入了夏季，南北温差进一步缩小，降水进一步增多。

此时宜抓紧麦田虫害的防治，预防干热风和突如其来的雷雨大风的袭击。南方宜抓紧水稻的追肥、耘禾，抓紧晴天进行夏熟作物的收打和晾晒。

小满节气之后气温逐渐升高，人们对气象问题也越来越关注，它是收获的前奏，也是炎热夏季的开始，更是疾病容易出现的时候。

未全熟，故名也”。这是说从小满开始，北方大麦、冬小麦等夏收作物已经结果，籽粒渐见饱满，但尚未成熟，约相当乳熟后期，所以叫小满。

它是一个表示物候变化的节气。南方地区的农谚赋予小满以新的寓意：“小满不满，干断思坎”；“小满不满，芒种不管”。

把“满”用来形容雨水的盈缺，指出小满时田里如果蓄不满水，就可能造成田坎干裂，甚至芒种时也无法栽插水稻。因为

小满

的紧张阶段。

对于长江中下游地区来说，如果这个阶段雨水偏少，可能是太平洋上的副热带高压势力较弱，位置偏南，意味着到了黄梅时节，降水可能就会偏少。因此有民谚说“小满不下，黄梅偏少”“小满无雨，芒种无水”。

小满节气时，黄河中下游等地区还流传着这样的说法：小满不满，麦有一险。

这一险就是指小麦在此时刚刚进入乳熟阶段，非常容易遭受干热风的侵害，从而导致小麦灌浆不足、粒籽干瘪而减产。防御干热风的方法很多，比如营造防护林带、喷洒化学药物等都是十分有效的措施。

◆谚语中看小满气候

华南地区：“小满大满江河满”反映了这一地区降雨多、雨量大的气候特征

一般来说，如果此时北方冷空气可以深入到中国较南的地区，南方暖湿气流也强盛的话，那么就很容易在华南一带造成暴雨或特大暴雨。因此，小满节气的后期往往是这些地区防汛

这里的三车指的是水车、油车和丝车。此时，农田里的庄稼需要充裕的水分，农民们便忙着踏水车翻水；收割下来的油菜籽也等待着农人们去舂打，做成清香四溢的菜籽油；田里的农活自然不能耽误。

可家里的蚕宝宝也要细心照料，小满前后，蚕要开始结茧了，养蚕人家忙着摇动丝车缫丝。

《清嘉录》中记载："小满乍来，蚕妇煮茧，治车缫丝，昼夜操作"。可见，古时小满节气时新丝已行将上市，丝市转旺在即，蚕农丝商无不满怀期望，等待着收获的日子快快到来。

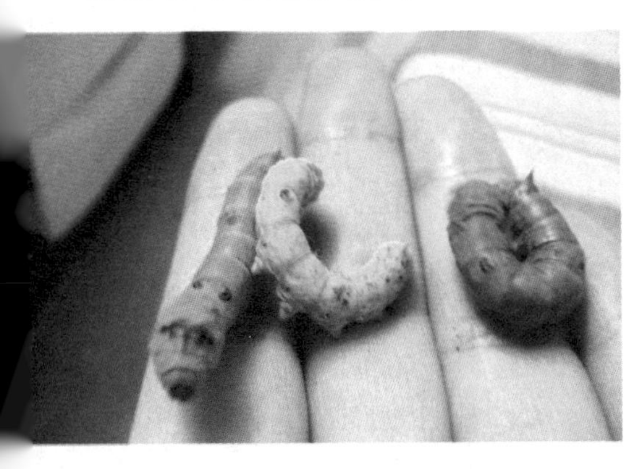

彩色蚕

此外，小满节气期间江南地区往往也是江河湖满，如果不满，必是遇上干旱少雨年。

这方面的谚语很多，如安徽、江西、湖北3省有"小满不满，无水洗碗"的说法；广西、四川、贵州等地区有"小满不满，干断田坎"的农谚；四川省还有"小满不下，犁耙高挂"之说。这里的"满"字，不是指作物颗粒饱满，而是雨水多的意思了。

◆芒种是很忙的节气

芒种——麦类等有芒作物成熟，夏种开始。每年的6月5日左右为芒种。

芒种是表征麦类等有芒作物的成熟，是一个反映农业物候现象的节气。时至芒种，四川盆地麦收季节已经过去，中稻、红苕移栽接近尾声。

梅雨

时温度下降，不利于薯块膨大，产量亦将明显降低。

芒种的“芒”字，是指麦类等有芒植物的收获，芒种的“种”字，是指谷黍类作物播种的节令。“芒种”二字谐音，表明一切作物都在“忙种”了。

《月令七十二候集解》中：“五月节，谓有芒之种谷可稼种矣。”每年的阳历 6 月 6 日前后，太阳到达黄经 75 度时开始。这时，我国长江中下游地区进入黄梅季节。

梅雨的一般天气特点是雨日多、雨量大，温度高，日照少，有时还伴有低温。我国东部地区全年的降雨量约有三分之一(个别年份二分之一) 是梅雨季节下的。长江中下游地区梅雨一般出现于 6 月后。这时，正是水稻，棉

大部地区中稻进入返青阶段，秧苗嫩绿，一派生机。

“东风染尽三千顷，折鹭飞来无处停 ”的诗句，生动的描绘了这时田野的秀丽景色。

到了芒种时节，盆地内尚未移栽的中稻，应该抓紧栽插；如果再推迟，因气温提高，水稻营养生长期缩短，而且生长阶段又容易遭受干旱和病虫害，产量必然不高。

红苕移栽至迟也要赶在夏至之前；如果栽苕过迟，不但干旱的影响会加重，而且待到秋来

花等作物生长旺盛，需水较多的季节。

梅雨形成的原因是冬季结束后，冷空气强度削弱北退，南方暖空气相应北进，伸展到长江中下游地区，但这时北方的冷空气仍有相当势力，于是冷暖空气在江淮流域相峙，形成准静止锋，出现了阴雨连绵的天气。

持续一段时期后，暖空气最后战胜冷空气，占领江淮流域，梅雨天气结束，雨带中心转移到黄淮流域。这时江淮流域都在抢种。

芒种

·迷你知识卡·

红苕

又名番薯、甘薯、山芋、地瓜等。常见的多年生双子叶植物，草本，其蔓细长，茎匍匐地面。块根，皮色发白或发红，除供食用外，还可以制糖和酿酒、制酒精。

第五章

夏至、小暑、大暑、立秋、处暑和白露

◆夏至——二候蝉始鸣

夏至是二十四节气中最早被确定的一个节气。公元前七世纪，先人采用土圭测日影，就确定了夏至。

每年的夏至从6月21日或22日开始，至7月7日或8日结束。

据《恪遵宪度抄本》："日北至，日长之至，日影短至，故曰夏至。至者，极也。"夏至这天，太阳直射地面的位置到达一年的最北端，几乎直射北回归线，北半球的白昼达最长，且越往北昼越长。

如海南的海口市这天的日长约13小时多一点，杭州市为14小时，北京约15小时，而黑龙江的漠河则可达17小时以上。夏至以后，太阳直射地面的位置逐渐南移，北半球的白昼日渐缩短。民间有“吃过夏至面，一天短一线”的说法。而此时南半球正值隆冬。

中国民间把夏至后的 15 天分成 3“时”，一般头时 3 天，中时 5 天，末时 7 天。这期间我国大部分地区气温较高，日照充足，作物生长很快，生理和生态需水均较多。

夏至

此时的降水对农业产量影响很大，有“夏至雨点值千金”之说。一般年份，这时长江中下游地区和黄淮地区降水一般可满足作物生长的要求。

《荆楚岁时记》中记有：“六月必有三时雨，田家以为甘泽，邑里相贺。”可见在 1 000 多年前人们已对此降雨特点有明确的认识。

夏至前后，淮河以南早稻抽穗扬花，田间水分管理上要足水抽穗，湿润灌浆，干干湿湿，既满足水稻结实对水分的需要，又能透气养根，保证活熟到老，提高籽粒重。

俗话说：“夏种不让晌”，夏播工作要抓紧扫尾，已播的要加强管理，力争全苗。出苗后应及时间苗定苗，移栽补缺。

夏至时节各种农田杂草和庄稼一样生长很快，不仅与作物争水争肥争阳光，而且是多种病菌

热雷雨

天,一般是最热的天气了。

过了夏至,中国南方大部分地区农业生产因农作物生长旺盛,杂草、病虫迅速滋长蔓延而进入田间管理时期,高原牧区则开始了草肥畜旺的黄金季节。

这时,华南西部雨水量显著增加,使入春以来华南雨量东多西少的分布形势,逐渐转变为西多东少。如有夏旱,一般这时可望解除。

近三十年来,华南西部6月下旬出现大范围洪涝的次数虽不多,但程度却比较严重。因此,要特别注意作好防洪准备。

夏至节气是华南东部全年雨量最多的节气,往后常受副热带高压控制,出现伏旱。为了增

和害虫的寄主,因此农谚说:夏至不锄根边草,如同养下毒蛇咬。

抓紧中耕锄地是夏至时节极重要的增产措施之一。棉花一般已经现蕾,营养生长和生殖生长两旺,要注意及时整技打杈,中耕培土,雨水多的地区要做好田间清沟排水工作,防止涝渍和暴风雨的危害。

“不过夏至不热”,“夏至三庚数头伏”。夏至虽表示炎热的夏天已经到来,但还不是最热的时候,夏至后的一段时间内气温仍继续升高,大约再过二、三十

强抗旱能力，夺取农业丰收，在这些地区，抢蓄伏前雨水是一项重要措施。

夏至以后地面受热强烈，空气对流旺盛，午后至傍晚常易形成雷阵雨。这种热雷雨骤来疾去，降雨范围小，人们称夏雨隔田坎。

夏至农谚：

冬至饺子夏至面，

夏至馄饨免疰夏。

吃了夏至面，一天长一线，

杨梅

过了夏至节，夫妻各自歇。

芒种火烧天，夏至雨涟涟。

芒种火烧天，夏至水满田。

芒种火烧天，夏至雨淋头。

芒种不下雨，夏至十八河。

芒种雨涟涟，夏至火烧天。

芒种雨涟涟，夏至旱燥田。

芒种夏至常雨，台风迟来；芒种夏至少雨，台风早来。

芒种夏至天，走路要人牵。

芒种怕雷公，夏至怕北风。

芒种西南风，夏至雨连天。

夏至杨梅满山红，小暑杨梅要出虫。

芒种栽薯重十斤，夏至栽薯光根根。

芒种火烧鸡，夏至烂草鞋。

爱玩夏至日，爱眠冬至夜。

◆小暑一声雷，倒转做黄梅

每年 7 月 7 日或 8 日视太

阳到达黄经105度时为小暑。

暑,表示炎热的意思,小暑为小热,还不十分热。意指天气开始炎热,但还没到最热,全国大部分地区基本符合。这时江淮流域梅雨即将结束,盛夏开始,气温升高,并进入伏旱期;而华北、东北地区进入多雨季节,热带气旋活动频繁,登陆中国的热带气旋开始增多。

小暑后南方应注意抗旱,北方须注意防涝。全国的农作物都进入了茁壮成长阶段,需加强田间管理。

中国古代将小暑分为三候:"一候温风至;二候蟋蟀居宇;三候鹰始鸷。"小暑时节大地上便不再有一丝凉风,而是所有的风中都带着热浪;《诗经·七月》中描述蟋蟀的字句有"七月在野,八月在宇,九月在户,十月蟋蟀入我床下。"

文中所说的八月即是夏历的六月,即小暑节气的时候,由于炎热,蟋蟀离开了田野,到庭院的墙角下以避暑热;在这一节气中,老鹰因地面气温太高而在清凉的高空中活动。

小暑前后,除东北与西北地区收割冬、春小麦等作物外,农业生产上主要是忙着田间管理了。早稻处于灌浆后期,早熟品种大暑前就要成熟收获,要保持田间干干湿湿。中稻已拔节,进入孕穗期,应根据长势追施穗肥,促穗大粒多。

小暑忙割麦

小暑一声雷

单季晚稻正在分蘖，应及早施好分蘖肥。双晚秧苗要防治病虫，于栽秧前5~7天施足“送嫁肥”。

“小暑天气热，棉花整枝不停歇”大部分棉区的棉花开始开花结铃，生长最为旺盛，在重施花铃肥的同时，要及时整枝、打杈、去老叶，以协调植株体内养分分配，增强通风透光，改善群体小气候，减少蕾铃脱落。

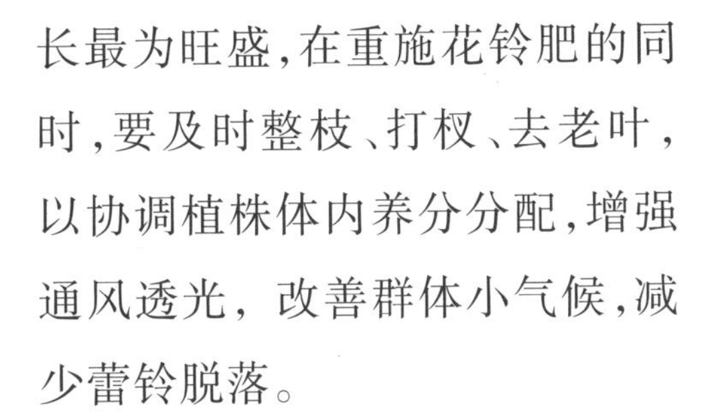

盛夏高温是蚜虫、红蜘蛛等多种害虫盛发的季节，适时防治病虫是田间管理上的又一重要环节。”

小暑开始，江淮流域梅雨先后结束，中国东部淮河、秦岭一线以北的广大地区开始了来自太平洋的东南季风雨季，降水明显增加，且雨量比较集中；华南、西南、青藏高原也处于来自印度洋和中国南海的西南季风雨季中。

长江中下游地区则一般为副热带高压控制下的高温少雨天气，常常出现的伏旱对农业生产影响很大，及早蓄水防旱显得十分重要。

农谚说：“伏天的雨，锅里的米”，这时出现的雷雨，热带风暴或台风带来的降水虽对水稻等作物生长十分有利，但有时也会给棉花、大豆等旱作物及蔬菜造成不利影响。

也有的年份，小暑前后北方冷空气势力仍较强，在长江中下游地区与南方暖空气势均力敌，出现锋面雷雨。

“小暑一声雷，倒转做黄梅”，小暑时节的雷雨常是“倒黄梅”的天气信息，预兆雨带还会在长江中下游维持一段时间。

绿树浓荫，时至小暑。南方地区小暑时平均气温为26℃左右，已是盛夏，颇感炎热，但还未到最热的时候。

常年7月中旬，华南东南低海拔河谷地区，可开始出现日平均气温高于30℃、日最高气温高于35℃的集中时段，这对杂交水稻抽穗扬花不利。

除了事先在作布局上应该充分考虑这个因素外，已经栽插的要采取相应的补救措施。在西北高原北部，此时仍可见霜雪，相当于华南初春时节景象。

小暑前后，华南西部进入暴雨最多季节，常年七八两月的暴雨日数可占全年的75%以上，一般为3天左右。

在地势起伏较大的地方，常有山洪暴发，甚至引起泥石流。但在华南东部，小暑以后因常受副热带高压控制，多连晴高温天气，开始进入伏旱期。

小暑农事农谚：

节到小暑进伏天，天变无常雨连绵，

有的年份雨稀少，高温低湿呈伏旱。

立足抗灾夺丰收，防涝抗旱两打算。

夏播作物间定苗，追肥治虫狠锄田。

春苗中耕带培土，防治病虫严把关。

棉花进入花铃期，修治追榜酌情灌。

山洪

最紧张、最艰苦、顶烈日战高温的“双抢”战斗已拉开了序幕。

俗话说：“早稻抢日，晚稻抢时”“大暑不割禾，一天少一箩”，适时收获早稻，不仅可减少后期风雨造成的危害，确保丰产丰收，而且可使双晚适时栽插，争取足够的生长期。

要根据天气的变化，灵活安排，晴天多割，阴天多栽，在7月底以前栽完双晚，最迟不能迟过立秋。

“大暑天，三天不下干一砖”，酷暑盛夏，水分蒸发特别快，尤其是长江中下游地区正值伏旱期，旺盛生长的作物对水分的要求更为迫切，真是“小暑雨如银，大暑雨如金。”

棉花花铃期叶面积达一生中最大值，是需水的高峰期，要

◆大暑是一年中最热的节气

“大暑”在每年的7月23日或24日，太阳到达黄经120度。

这时正值“中伏”前后，是一年中最热的时期，气温最高，农作物生长最快，大部分地区的旱、涝、风灾也最为频繁，抢收抢种，抗旱排涝防台和田间管理等任务很重。

“禾到大暑日夜黄”，对中国种植双季稻的地区来说，一年中

求田间土壤湿度占田间持水量在70%~80%为最好，低于60%就会受旱而导致落花落铃，必须立即灌溉。要注意灌水不可在中午高温时进行，以免土壤温度变化过于剧烈而加重蕾铃脱落。

大豆开花结荚也正是需水临界期，对缺水的反应十分敏感。农谚说："大豆开花，沟里摸虾"，出现旱象应及时浇灌。

黄淮平原的夏玉米一般已拔节孕穗，即将抽雄，是产量形成最关键的时期，要严防"卡脖旱"的危害。

"稻在田里热了笑，人在屋里热了跳。"盛夏高温对农作物生长十分有利，但对人们的工作、生产、学习、生活却有着明显的不良影响。

一般来说，在最高气温高于35℃的炎热日子里，中暑的人明显较多；而在最高气温达37℃以上的酷热日子里，中暑的人数会急剧增加。

特别是在副热带高压控制下的长江中下游地区，骄阳似火，风小湿度大，更叫人感到闷热难当。

大暑

全国闻名的长江沿岸三大火炉城市南京、武汉和重庆，平均每年炎热日就有17~34天之多，酷热日也有3~14天。其实，比"三大火炉"更热的地方还很多，如安庆、九江、万县等，其中江西的贵溪、湖南的衡阳、四川的开县等地全年平均炎热日都在40天以上，整个长江中下游地区就是一个大“火炉”，做好防暑降温工作尤其显得重要。

一般说来，大暑节气是华南一年中日照最多、气温最高的时期，是华南西部雨水最丰沛、雷暴最常见、30℃以上高温日数最集中的时期，也是华南东部35℃以上高温出现最频繁的时期。

大暑前后气温高本是气候正常的表现，因为较高的气温有利于大春作物扬花灌浆，但是气温过高，农作物生长反而受到抑制，水稻结实率明显下降。

华南西部入伏后，光、热、水都处于一年的高峰期，三者互为促进，形成对大春作物生长的良好气候条件，但是需要注意防洪排涝。

炎热的大暑是茉莉、荷花盛开的季节，馨香沁人的茉莉，天气愈热香愈浓郁，给人洁净芬芳的享受。

荷花

高洁的荷花，不畏烈日骤雨，晨开暮敛，诗人赞美它映日荷花别样红，生机勃勃的盛夏，正孕育着丰收。

大暑的农谚：

小暑不算热，大暑正伏天。

冷在三九，热在中伏。

不热不冷，不成年景。

六月不热，五谷不结。

六月下连阴，遍地出黄金。

六月连阴吃饱饭。

伏里多雨，囤里多米。
伏天雨丰，粮丰棉丰。
伏不受旱，一亩增一担。
遇到伏旱，就要减产。
伏旱伏旱，并不少见。
大暑前后，衣裳湯透。
大汗冷水激，浑身痱子起。
伏天穿棉袄，收成好不了。
蜢虫子打脸，下雨难免。
蜻蜓飞满天，大雨下满湾。
蝴蝶屋内飞，下雨不到黑。
蜜蜂不出巢，当天有雨浇。
今天蜜蜂忙，明天雨衣忙。

◆立秋又称交秋

每年 8 月 7 日或 8 日视太阳到达黄经 135 度时为立秋。

立秋一般预示着炎热的夏天即将过去，秋天即将来临。立秋后虽然一时暑气难消，还有“秋老虎”的余威，立秋又称交秋，但总的趋势是天气逐渐凉爽。

由于全国各地气候不同，秋季开始时间也不一致。气候学上以每 5 天的日平均气温稳定下降到 22℃以下的始日作为秋季开始，这种划分方法比较符合各地实际，但与黄河中下游立秋日期相差较大。

立秋以后，中国中部地区早稻收割，晚稻移栽，大秋作物进入重要生长发育时期。秋的意思是暑去凉来，秋天开始。古人把

秋高气爽

棉花地

其实，按气候学划分季节的标准，下半年日平均气温稳定降至22℃以下为秋季的开始，除长年皆冬和春秋相连无夏区外，中国很少有在"立秋"就进入秋季的地区。

秋来最早的黑龙江和新疆北部地区也要到8月中旬入秋，一般年份里，首都北京9月初开始秋风送爽，秦淮一带秋天从9月中旬开始，10月初秋风吹至浙江丽水、江西南昌、湖南衡阳一线，1月上中旬秋的信息才到达雷州半岛，而当秋的脚步到达"天涯海角"的海南崖县时已快到新年元旦了。

"秋后一伏热死人"，立秋前后中国大部分地区气温仍然较高，各种农作物生长旺盛，中稻开花结实，单晚圆秆，大豆结荚，玉米抽雄吐丝，棉花结铃，甘薯薯块

立秋当作夏秋之交的重要时刻，一直很重视这个节气。

中国古代将立秋分为三候："一候凉风至；二候白露生；三候寒蝉鸣。"是说立秋过后，刮风时人们会感觉到凉爽，此时的风已不同于暑天中的热风；接着，大地上早晨会有雾气产生；并且秋天感阴而鸣的寒蝉也开始鸣叫。

据记载，宋时立秋这天宫内要把栽在盆里的梧桐移入殿内，等到"立秋"时辰一到，太史官便高声奏道："秋来了。"奏毕，梧桐应声落下一两片叶子，以寓报秋之意。

“蚂蚁搬家”

迅速膨大，对水分要求都很迫切，此期受旱会给农作物最终收成造成难以补救的损失。所以有“立秋三场雨，秕稻变成米”、“立秋雨淋淋，遍地是黄金”之说。

双晚生长在气温由高到低的环境里，必须抓紧当前温度较高的有利时机，追肥耘田，加强管理。

当前也是棉花保伏桃、抓秋桃的重要时期，“棉花立了秋，高矮一齐揪”，除对长势较差的田块补施一次速效肥外，打顶、整枝、去老叶、抹赘芽等要及时跟上，以减少烂铃、落铃，促进正常成熟吐絮。

茶园秋耕要尽快进行，农谚说：“七挖金，八挖银”，秋挖可以消灭杂草，疏松土壤，提高保水蓄水能力，若再结合施肥，可使秋梢长得更好。

立秋农事农谚：

时到立秋年过半，可能有涝也有旱，

男女老少齐努力，战天斗地夺高产。

棉花抹杈边心，追肥时间到下限，

立秋不立秋，六月二十头。

立了秋，凉飕飕。

早上立了秋，晚上凉飕飕。

立了秋，把扇丢。

立秋早晚凉，中午汗湿裳。

立秋早晚凉，中午汗还淌。

七月秋风雨，八月秋风凉。

立秋温不降，庄稼长得强。

立了秋，哪里有雨哪里收。

立秋雨淋淋,遍地是黄金。

立秋三场雨,秕稻变成米。

◆处暑意味炎热的夏天即将过去

处暑节气在每年八月二十三或日。

据《月令七十二候集解》说:“处,去也,暑气至此而止矣。”意思是炎热的夏天即将过去了。

虽然,处暑前后中国北京、太原、西安、成都和贵阳一线以东及以南的广大地区和新疆塔里木盆地地区日平均气温仍在摄氏二十二度以上,处于夏季,但是这时冷空气南下次数增多,气温下降逐渐明显。

中国古代将处暑分为三候:“一候鹰乃祭鸟;二候天地始肃;三候禾乃登。”此节气中老鹰开始大量捕猎鸟类;天地间万物开始凋零;“禾乃登”的“禾”指的是黍、稷、稻、粱类农作物的总称,“登”即成熟的意思。

立秋

处暑以后,中国大部分地区气温日较差增大,昼暖夜凉的条件对农作物体内干物质的制造和积

防治病虫

累十分有利，庄稼成熟较快，民间有“处暑禾田连夜变”之说。

黄淮地区及沿江江南早中稻正成熟收获，这时的连阴雨是主要不利天气。而对于正处于幼穗分化阶段的单季晚稻来说，充沛的雨水又显得十分重要，遇有干旱要及时灌溉，否则导致穗小、空壳率高。

此外，还应追施穗粒肥以使谷粒饱满，但追肥时间不可过晚，以防造成贪青迟熟。南方双季晚稻处暑前后即将圆秆，应适时烤田。

大部分棉区棉花开始结铃吐絮，这时气温一般仍较高，阴雨寡照会导致大量烂铃。在精细整枝、推株并垄以及摘去老叶，改善通风透光条件的同时，适时喷洒波尔多液也有较好的防止或减轻烂铃的效果。

处暑前后，春山芋薯块膨大，夏山芋开始结薯，夏玉米抽穗扬花，都需要充足的水分供应，此时受旱对产量影响十分严重。从这点上说“处暑雨如金”一点也不夸张。

处暑以后，除华南和西南地区外，我国大部分地区雨季即将结束，降水逐渐减少。尤其是华北、东北和西北地区必须抓紧蓄水、保墒，以防秋种期间出现干旱而延误冬作物的播种期。

◆处暑天好似秋老虎

处暑天不暑，炎热在中午。

热熟谷，粒实鼓。

处暑雨，粒粒皆是米。

处暑早的雨，谷仓里的米。

处暑谷渐黄，大风要提防。

处暑满地黄，家家修廪仓。

处暑高粱遍地红。

处暑高粱遍拿镰。

处暑高粱白露谷。

干旱

处暑三日割黄谷。

处暑十日忙割谷。

收秋一马虎，鸟雀撑破肚。

处暑收黍，白露收谷。

黍子面积小，注意防麻雀。

干打谷，湿打黍。

若要玉米大，不准叶打架。

要想苞谷结，不得叶挨叶。

处暑见新花。

处暑好晴天，家家摘新棉。

早不摘花，午不收豆。

棉桃碰腿，正淌汗水。

棉桃碰着腿，酒壶不离嘴。

花收暖，麦收寒。

处暑开花不见花。

处暑花，不归家。

绿肥盛花期，压青正适宜。

绿肥压三年，薄地变良田。

◆白露——天气转凉

每年公历的9月7日前后

是白露。

中国古代将白露分为三候："一候鸿雁来；二候元鸟归；三候群鸟养羞。"说此节气正是鸿雁与燕子等候鸟南飞避寒，百鸟开始贮存干果粮食以备过冬。可见白露实际上是天气转凉的象征。

白露是八月的头一个节气。露是由于温度降低，水汽在地面或近地物体上凝结而成的水珠。所以，白露实际上是表征天气已经转凉。

这时，人们就会明显地感觉到炎热的夏天已过，而凉爽的秋天已经到来了。因为白天的温度虽然仍达三十几度，可是夜晚之后，就下降到二十几度，两者之间的温度差达十多度。

阳气是在夏至达到顶点，物极必反，阴气也在此时兴起。到了白露，阴气逐渐加重，清晨的露水随之日益加厚，凝结成一层白白的水滴，所以就称之为白露。

俗语云："处暑十八盆，白露勿露身。"这两句话的意思是说，处暑仍热，每天须用一盆水洗澡，过了十八天，到了白露，就不要赤膊裸体了，以免着凉。还有句俗话："白露白迷迷，秋分稻秀

白露

齐。”意思是说，白露前后若有露，则晚稻将有好收成。

此外，华南二十四节气的气候中，白露有着气温迅速下降、绵雨开始、日照骤减的明显特点，深刻地反映出由夏到秋的季节转换。

华南常年白露期间的平均气温比处暑要低3℃左右，大部地区候平均气温先后降至22℃以下。按气候学划分四季的标准，时序开始进入秋季。

华南秋雨多出现于白露至霜降前，以岷江、青衣江中下游地区最多，华南中部相对较少。“滥了白露，天天走溜路”的农谚，虽然不能以白露这一天是否有雨水来作天气预报，但是，一般白露节前后确实常有一段连阴雨天气；而且，自此华南降雨多具有强度小、雨日多、常连绵的特点了。

与此相应，华南白露期间日照较处暑骤减一半左右，递减趋势一直持续到冬季。

白露时节的上述气候特点，对晚稻抽穗扬花和棉桃爆桃是不利的，也影响中稻的收割和翻晒，所以农谚有“白露天气晴，谷米白如银”的说法。

充分认识白露气候特点，并且采取相应的农技措施，才能减轻或避免秋雨危害。另一方面，也要趁雨抓紧蓄水，特别是华南东部的白露是继小满、夏至后又一个雨量较多的节气，更不要错过良好时机。

白露农事农谚：

白露满地红黄白，棉花地里人如海，

杈子耳子继续去，上午修棉下午摘。

早秋作物普遍收，割运打轧莫懈怠。

底肥铺足快耕耙，秸秆还田土里埋。

高山河套瘠薄地，此刻即可种小麦。

白菜萝卜追和浇，冬瓜南瓜摘家来。

冬暖大棚忙修建，结构科学巧安排。

苹果梨子大批卸，出售车拉又船载。

丰收季节

红枣成熟适时收，深细加工再外卖。

秸秆青贮营养高，马牛猪羊“上等菜”。

畜禽防疫普打针，牲畜配种好怀胎。

饵足水优养好鱼，土壮藕蒲长得乖。

·迷你知识卡·

刘禹锡

唐朝文学家，哲学家，自称是汉中山靖王后裔，曾任监察御史，是王叔文政治改革集团的一员。唐代中晚期著名诗人，有“诗豪”之称。

第六章

秋分、寒露、霜降、立冬、小雪和大雪

◆秋分——夜一夜冷一夜

秋分，农历二十四节气中的第十六个节气，时间一般为每年的 9 月 23 日或 24 日。

三秋

中国古代将秋分分为三候："一候雷始收声；二候蛰虫坯户；三候水始涸"。古人认为雷是因为阳气盛而发声，秋分后阴气开始旺盛，所以不再打雷了。

按农历来讲，"立秋"是秋季

的开始，到“霜降”为秋季终止，“秋分”正好是从立秋到霜降90天的一半。

从秋分这一天起，气候主要呈现三大特点：阳光直射的位置继续由赤道向南半球推移，北半球昼短夜长的现象将越来越明显，白天逐渐变短，黑夜变长，直至冬至日达到黑夜最长，白天最短；昼夜温差逐渐加大，幅度将高于10℃以上；气温逐日下降，一天比一天冷，逐渐步入深秋季节。南半球的情况则正好相反。

秋分时节，中国长江流域及其以北的广大地区，均先后进入了秋季，日平均气温都降到了22℃以下。

北方冷气团开始具有一定的势力，大部分地区雨季刚刚结束，凉风习习，碧空万里，风和日丽，秋高气爽，丹桂飘香，蟹肥菊黄，秋分是美好宜人的时节。也是农业生产上重要的节气，秋分后太阳直射的位置移至南半球，北半球得到的太阳辐射越来越少，而地面散失的热量却较多，气温降低的速度明显加快。

农谚说：“一场秋雨一场寒”“白露秋分夜，一夜冷一夜”“八月雁门开，雁儿脚下带霜来”，东北地区降温早的年份，秋分见霜已不足为奇。

秋季降温快的特点，使得秋收、秋耕、秋种的“三秋”大忙显得格外紧张。

秋分棉花吐絮，烟叶也由绿变黄，正是收获的大好时机。华北地区已开始播种冬麦，长江流域及南部广大地区正忙着晚稻的收割，抢晴耕翻土地，准备油菜播种。

◆秋分的农事农谚

秋季降温快的特点，使得秋

收、秋耕、秋种的“三秋”大忙显得格外紧张。秋分棉花吐絮，烟叶也由绿变黄，正是收获的大好时机。

华北地区已开始播种冬麦，长江流域及南部广大地区正忙着晚稻的收割，抢晴耕翻土地，准备油菜播种。

秋分时节的干旱少雨或连绵阴雨是影响“三秋”正常进行的主要不利因素，特别是连阴雨会使即将到手的作物倒伏、霉烂或发芽，造成严重损失。

“三秋”大忙，贵在“早”字。及时抢收秋收作物可免受早霜冻和连阴雨的危害，适时早播冬作物可争取充分利用冬前的热量资源，培育壮苗安全越冬，为来年奠定下丰产的基础。

“秋分不露头，割了喂老牛”，南方的双季晚稻正抽穗扬花，是产量形成的关键时期，早来低温阴雨形成的“秋分寒”天气，是双晚开花结实的主要威胁，必须认真做好预报和防御工作。

淤种秋分，沙种寒。

淤地种好麦，明年豆更强。

秋分时节

秋分到寒露，种麦不延误。

白露秋分菜，秋分寒露麦。

分前种高山，分后种平川。

阳坡麦子，阴坡谷子。

麻黄种麦，麦黄种

麻。

种麦泥窝窝,来年吃白馍。

种麦泥流流,来年吃馒头。

要吃面,泥里拌。

要吃馍,泥里拖。

种泥不种水,种水种不归。

◆寒露——空气已结露水渐有寒意

寒露——气温更低,空气已结露水,渐有寒意。这一天一般在每年的10月8日或9日。

每年10月8日或9日视太阳到达黄经195度时为寒露。

《月令七十二候集解》说:“九月节,露气寒冷,将凝结也。”寒露的意思是气温比白露时更低,地面的露水更冷,快要凝结成霜了。

寒露时节,南岭及以北的广大地区均已进入秋季,东北和西北地区已进入或即将进入冬季。首都北京大部分年份这时已可见初霜,除全年飞雪的青藏高原外,东北和新疆北部地区一般已开始降雪。

寒露

中国古代将寒露分为三候:“一候鸿雁来宾;二候雀人大水为蛤;三候菊有黄华。”此节气中鸿雁排成一字或人字形的队列大举南迁;深秋天寒,雀鸟都不见了，古人看到海边突然出现很多蛤蜊，并且贝壳的条纹及颜色与雀鸟很相似，所以便以为是雀鸟变成的；第三候的“菊始黄华”是说在此时菊花已普遍开放。

寒露

寒露以后，北方冷空气已有一定势力，中国大部分地区在冷高压控制之下，雨季结束。天气常是昼暖夜凉，晴空万里，对秋收十分有利。

中国大陆上绝大部分地区雷暴已消失，只有云南、四川和贵州局部地区尚可听到雷声。华北10月份降水量一般只有9月降水量的一半或更少，西北地区则只有几毫米到20多毫米。

干旱少雨往往给冬小麦的适时播种带来困难，成为旱地小麦争取高产的主要限制因子之一。

海南和西南地区这时一般仍然是秋雨连绵，少数年份江淮和江南也会出现阴雨天气，对秋收秋种有一定的影响。

“寒露不摘棉，霜打莫怨天”。趁天晴要抓紧采收棉花，遇降温早的年份，还可以趁气温不算太低时把棉花收回来。江淮及江南的单季晚稻即将成熟，双季晚稻正在灌浆，要注意间歇灌溉，保持田间湿润。

南方稻区还要注意防御“寒露风”的危害。华北地区要抓紧播种小麦，这时，若遇干旱少雨的天气应设法造墒抢墒播种，保证在霜降前后播完，切不可被动等雨导致早茬种晚麦。

寒露前后是长江流域直播油菜的适宜播种期，品种安排上应先播甘兰型品种，后播白菜型品种。

◆秋分早霜降迟寒露种麦正当时

大雁不过九月九，小燕不过三月三。

寒露时节人人忙，种麦、摘花、打豆场。

摘石榴

上午忙麦茬，下午摘棉花。

寒露到霜降，种麦就慌张。

品种更换，气候转暖，寒露种上，也不算晚。

早麦补，晚麦耩，最好不要过霜降。

秋分早，霜降迟，寒露种麦正当时。

寒露到霜降，种麦日夜忙。

寒露霜降麦归土。

寒露霜降，赶快抛上。

寒露前后看早麦。

要得苗儿壮，寒露到霜降。

小麦点在寒露口，点一碗，收三斗。

菊花开，麦出来。

秋分种蒜，寒露种麦。

夏至种豆，重阳种麦。

夏至两边豆，重阳两边麦。

麦子难得倒针雨。

麦浇黄芽，谷浇老大。

麦浇苗，谷浇穗。

捕鱼

豆见豆，九十六。

白露谷，寒露豆。

九月九，摘石榴。

寒露收山楂，霜降刨地瓜。

寒露柿红皮，摘下去赶集。

柿子红似火，摘下装筐篓。

皮红摘下来，赶快向外卖。

寒露柿子红了皮。

摘了梨，别松气，施肥浇水和掘地。

摘了梨，快喷药，千方百计把叶保。

今年叶子保得好，明年果子产量高。

叶子护不好，明年果子少。

今年护好叶，明年结硕果。

光收不管，来年减产。

光收不管，杀鸡取卵。

寒露畜不闲，昼夜加班赶，抓紧种小麦，再晚大减产。

骡马驴，加夜草，劲头足，干活好。

晚上不加料，白天懒拉套。

晚上加了料，白天蹦又跳。

时到寒露天，捕成鱼，采藕芡。

寒露节到天气凉，相同鱼种要并塘。

◆霜降与霜冻

霜降是二十四节气中的第十八个节气，是秋季的最后一个节气，也是秋季到冬季的过渡节气。每年的公历10月23日或24日，太阳运行到黄经210度时为霜降节气。

霜降是渐冷、开始降霜。确切地说，霜并非从天而降，而是近地面空中的水汽在地面或地物上直接凝华而成的白色疏松的冰晶。

在黄河中下游地区，10月下旬到11月上旬一般出现初霜，与霜降节气完全吻合。随着霜降的到来，不耐寒的作物已经收获或者即将停止生长，草木开始落黄，呈现出一派深秋景象。

霜冻是指在生长季节里，夜晚土壤表面温度或植物冠层附近的气温短时间内下降到0℃以下，植物表面的温度迅速下降，植物体内水分发生冻结，代谢过程遭受破坏，细胞被冰块挤压而造成危害。

发生霜冻时，植物是因为低温受到危害，不是单单因为霜对植物造成危害。如果空气相对湿度低，就不一定能见到“白霜”，霜冻同样会发生，通常人们也把见不到“白霜”的霜冻称为“黑

霜降

霜”。

可见，“霜降”和“霜冻”是两个不同的概念，霜降仅仅是一个节气，在这个节气黄河中下游一般会出现初霜；而霜冻是与植物受害联系在一起，没有植物的地方，就没有霜冻发生。

根据霜冻发生的季节，可分为早霜冻和晚霜冻两种。

早霜冻发生在由温暖季节向寒冷季节的过渡时期，在北方，常常发生在秋季，所以也叫秋霜冻，尚未成熟的秋收作物和未收获的露地蔬菜危害愈大。秋季出现的第一次霜冻称为初霜冻，初霜冻愈早对作物的危害愈大。

晚霜冻发生在由寒冷季节向温暖季节过渡的时期，在北方常发生在春季，所以又叫做春霜冻，危害春播作物的幼苗、越冬后返青的小麦和处于发芽期和花期的果树。春季最后一次出现

霜降

的霜冻称为终霜冻，终霜冻发生得越晚，植物的抗寒性就越弱，霜冻危害也就越大。

中国古代将霜降分为三候：“一候豺乃祭兽；二候草木黄落；三候蜇虫咸俯。”此节气中豺狼将捕获的猎物先陈列后再食用；大地上的树叶枯黄掉落；蜇虫也全在洞中不动不食，垂下头来进入冬眠状态中。

每年阳历 10 月 23 日前后，太阳到达黄经 210 度时为霜降。霜降表示天气更冷了，露水凝霜降与农作物结成霜。

《月令七十二候集解》：“九月中，气肃而凝，露结为霜矣”。

此时，我国黄河流域已出现白霜，千里沃野上，一片银色冰晶熠熠闪光，此时树叶枯黄，在落叶了。

古籍《二十四节气解》中说："气肃而霜降，阴始凝也。"可见"霜降"表示天气逐渐变冷，开始降霜。

气象学上，一般把秋季出现的第一次霜叫做"早霜"或"初霜"，而把春季出现的最后一次霜称为"晚霜"或"终霜"。从终霜到初霜的间隔时期，就是无霜期。

也有把早霜叫"菊花霜"的，因为此时菊花盛开，北宋大文学家苏轼有诗曰："千树扫作一番黄，只有芙蓉独自芳"。

霜是水气凝成的，水汽怎样凝成霜呢？南宋诗人吕本中在《南歌子·旅思》中写道："驿内侵斜月，溪桥度晚霜。"

陆游在《霜月》中写有"枯草霜花白，寒窗月新影。"说明寒霜出现于秋天晴朗的月夜。秋晚没有云彩，地面上如同揭了被，散热很多，温度骤然下降到0℃以下，靠地面不多的水汽就会凝结在溪边、桥间、树叶和泥土上，形成细微的冰针，有的成为六角形的霜花。

霜冻

霜，只能在晴天形成，人说“浓霜猛太阳”就是这个道理。

“霜降始霜”反映的是黄河流域的气候特征。就全年霜日而言，青藏高原上的一些地方即使在夏季也有霜雪，年霜日都在200天以上，中国霜日最多的地方。

西藏东部、青海南部、祁连山区、川西高原、滇西北、天山、阿尔泰山区、北疆西部山区、东北及内蒙东部等地年霜日都超过100天，淮河、汉水以南、青藏高原东坡以东的广大地区均在50天以下，北纬25°以南和四川盆地只有10天左右，福州以南及两广沿海平均年霜日不到1天，而西双版纳、海南和台湾南部及南海诸岛则是没有霜降的地方。

“霜降杀百草”，严霜打过的植物，一点生机也没有。这是由于植株体内的液体，因霜冻结成冰晶，蛋白质沉淀，细胞内的水分外渗，使原生质严重脱水而变质。

“风刀霜剑严相逼”说明霜是无情的、残酷的。其实，霜和霜冻虽形影相连，但危害庄稼的是“冻”不是“霜”。有人曾经试验：把植物的两片叶子，分别放在同样低温的箱里，其中一片叶子盖满了霜，另一片叶子没有盖霜，结果无霜的叶子受害极重，而盖霜的叶子只有轻微的霜害痕迹。

这说明霜不但危害不了庄稼，相反，水汽凝华时，还可放出大量热来，1克0℃的水蒸汽凝华成水，放出气化热是667卡，它会使重霜变轻霜、轻霜变露水，免除冻害。

霜降、寒露各地农谚：

霜降、寒露都在阳历10月，各地农谚综合于下：山西：时值寒露抓秋耕，秋收秋种莫放松。采棉刨薯回茬麦，结合秋浇快进行。浇地造林集饲料，山药异地换种子。

河北：寒露霜降，收割大豆。抓紧打场，及时入库。晚茬小麦，突击播种。收割山草，好喂牲口。菠菜油菜，种上几亩。来年春季，能早收获。

山东：霜降一到，天气渐冷。抓紧收割，地瓜花生。切晒瓜干，要趁晴天。地瓜入窖，不能放松。麦田苗情，检查要精。缺苗断垄，及时补种。

新疆：十月寒露与霜降，秋高气爽秋风凉。北疆初霜在上旬，南疆霜降见秋霜。抓紧秋浇和冬灌，劳动果实快贮藏。牲畜抓膘又配种，拉运草料到冬场。

江苏：寒露无青稻，霜降一齐倒。

上海：十月寒露接霜降，秋收秋种冬活忙，晚稻脱粒棉翻晒，精收细打妥收藏。

安徽，寒露收割罢，霜降把地翻。

湖南：十月寒露霜降到，收割晚稻又挖薯。

福建：十月寒露霜降临，稻香千里逐片黄，冬种计划积肥足，添修工具稻登场。

◆民间习惯以立冬为冬季的开始

“立冬”节气在每年的11月7日或8日，中国古时民间习惯

立冬

立冬

以立冬为冬季的开始。

按气候学划分四季标准，以下半年平均气温降到10℃以下为冬季，则“立冬为冬日始”的说法与黄淮地区的气候规律基本吻合。

中国最北部的漠河及大兴安岭以北地区，9月上旬就早已进入冬季，首都北京于10月下旬也已一派冬天的景象，而长江流域的冬季要到“小雪”节气前后才真正开始。

中国古代将立冬分为三候：“一候水始冰；二候地始冻；三候雉人大水为蜃。”此节气水已经能结成冰；土地也开始冻结；三候“雉人大水为蜃”中的雉即指野鸡一类的大鸟，蜃为大蛤，立冬后，野鸡一类的大鸟便不多见了，而海边却可以看到外壳与野鸡的线条及颜色相似的大蛤。所以古人认为雉到立冬后便变成大蛤了。

对“立冬”的理解，我们还不能仅仅停留在冬天开始的意思上。追根溯源，古人对“立”的理解与现代人一样，是建立、开始的意思。

但“冬”字就不那么简单了，在古籍《月令七十二候集解》中对“冬”的解释是：“冬，终也，万物收藏也”，意思是说秋季作物全部收晒完毕，收藏入库，动物也已藏起来准备冬眠。看来，立冬不仅仅代表着冬天的来临。

完整地说，立冬是表示冬季开始，万物收藏，归避寒冷的意思。

立冬时节，北半球获得的太阳辐射量越来越少，由于此时地表夏半年贮存的热量还有一定的剩余，所以一般还不太冷。

晴朗无风之时，常有温暖舒适的“小阳春”天气，不仅十分宜人，对冬作物的生长也十分有利。

这时北方冷空气也已具有较强的势力，常频频南侵，有时形成大风、降温并伴有雨雪的寒潮天气。

从多年的平均状况看，11 月是寒潮出现最多的月份。剧烈的降温，特别是冷暖异常的天气对人们的生活、健康以及农业生产均有严重的不利影响。

立冬谚语：

今冬麦盖三层被，明年枕着馒头睡。

立冬打雷要反春；雷打冬，十个牛栏九个空；立冬之日起大雾，冬水田里点萝；立冬那天冷，一年冷气多；霜降腌白菜，立冬不使牛。

立冬

立冬东北风，冬季好天空。

立冬有雨防烂冬，立冬无鱼防春旱。

重阳无雨看立冬，立冬无雨一冬干。

立冬不吃糕，一死一旮旯。

立冬种豌豆，一斗

还一斗。

小雪表示降雪的起始时间和程度。

每年11月22日23日，视太阳到达黄经240度时为小雪。

《月令七十二候集解》：“10月中，雨下而为寒气所薄，故凝而为雪。小者未盛之辞。”这个时期天气逐渐变冷，黄河中下游平均初雪期基本与小雪节令一致。虽然开始下雪，一般雪量较小，并且夜冻昼化。

如果冷空气势力较强，暖湿气流又比较活跃的话，也有可能下大雪。北方一部分冬麦区就下了大到暴雪。

小雪前后，中国大部分地区农业生产开始进入冬季管理和农田水利基本建设。黄河以北地区已到了北风吹，雪花飘的孟冬，此时中国北方地区会出现初雪，虽雪量有限，但还是提示我们到了御寒保暖的季节。

小雪节气的前后，天气时常是阴冷晦暗的，此时人们的心情也会受其影响，特别是那些患有抑郁症的朋友更容易加重病情，所以在这个节气里，朋友们在光照少的日子里一定要学会调养自己。

“小雪”时值阳历11月下半月，农历十月下半月。“小雪”是反映天气现象的节令。古籍《群芳谱》中说：“小雪气寒而将雪矣，地寒未甚而雪未大也。”这就是说，到“小雪”节由于天气寒冷，降水形式由雨变为雪，但此时由于“地寒未甚”故雪量还不大，所以称为小雪。

随着冬季的到来，气候渐冷，不仅地面上的露珠变成了霜，而且也使天空中的雨变成了雪花，下雪后，使大地披上洁白的素装。但由于这时的天气还不算太冷，所以下的雪常常是半冰半融状态，或落到地面后立即融化了，气象学上称之为“湿雪”；有时还会雨雪同降，叫做“雨夹雪”；还有时降如同米粒一样大小的白色冰粒，称为“米雪”。

本节气降水依然稀少，远远满足不了冬小麦的需要。晨雾比上一个节气更多一些。

小雪表示降雪的起始时间和程度。雪是寒冷天气的产物。

小雪节气，南方地区北部开始进入冬季。“荷尽已无擎雨盖，菊残犹有霜枝”，已呈初冬景象。因为北面有秦岭、大巴山屏障，阻挡冷空气入侵，刹减了寒潮的严威，致使华南“冬暖”显著。

小雪

全年降雪日数多在 5 天以下，比同纬度的长江中、下游地区少得多。大雪以前降雪的机会极少，即使隆冬时节，也难得观赏到“千树万树梨花开”的迷人景色。

由于华南冬季近地面层气温常保持在 0℃以上，所以积雪比降雪更不容易。偶尔虽见天空“纷纷扬扬”，却不见地上“碎琼乱玉”。

然而，在寒冷的西北高原，常年 10 月一般就开始降雪了。高原西北部全年降雪日数可达 60 天以上，一些高寒地区全年都有降雪的可能。

◆小雪反映天气现象的节令

“小雪”是反映天气现象的

节令。雪小,地面上又无积雪,这正是“小雪”这个节气的原本之意。古籍《群芳谱》中说:“小雪气寒而将雪矣,地寒未甚而雪未大也。”

这就是说,到“小雪”节由于天气寒冷，降水形式由雨变为雪,但此时由于“地寒未甚”故雪下得次数少,雪量还不大,所以称为小雪。因此,小雪表示降雪的起始时间和程度，小雪和雨水、谷雨等节气一样,都是直接反映降水的节气。

北方地区小雪节以后,果农开始为果树修枝,以草秸编箔包扎株杆,以防果树受冻。且冬日蔬菜多采用土法贮存，或用地窖,或用土埋,以利食用。俗话说小雪铲白菜,大雪铲菠菜。

白菜深沟土埋储藏时,收获前十天左右即停止浇水,做好防冻工作,以利贮藏,尽量择晴天收获。收获后将白菜根部向阳晾晒 3 ~ 4 天，待白菜外叶发软后再进行储藏。

沟深以白菜高度为准,储藏时白菜根部全部向下,依次并排沟中,天冷时多覆盖白菜叶和玉米杆防冻。而半成熟的白菜储藏时沟内放部分水，边放水边放土,放水土之深度以埋住根部为宜,待到食用时即生长成熟了。

节气的小雪与天气的小雪无必然联系，小雪节气中说的“小雪”与日常天气预报所说的“小雪”意义不同,小雪节气是一个气候概念,它代表的是小雪节气期间的气候特征;而天气预报中的小雪是指降雪强度较小的雪。

雪是寒冷天气的产物。气象学上把下雪时水平能见距离等于或大于 1 000 米，地面积雪深度在 3 厘米以下,24 小时降雪量在 0.1~2.4 毫米之间的降雪称为“小雪”。

小雪后气温急剧下降，天气变得干燥，是加工腊肉的好时候。小雪节气后，一些农家开始动手做香肠、腊肉，等到春节时正好享受美食。

在南方某些地方，还有农历十月吃糍粑的习俗。古时，糍粑是南方地区传统的节日祭品，最早是农民用来祭牛神的供品。

大雪

◆大雪纷纷是丰年

“大雪”节气在每年的12月7日或8日，其时视太阳到达黄经255度。《月令七十二候集解》说：“至此而雪盛也。”

大雪的意思是天气更冷，降雪的可能性比小雪时更大了，并不指降雪量一定很大。相反，大雪后各地降水量均进一步减少，东北、华北地区12月平均降水量一般只有几毫米，西北地区则不到1毫米。

中国古代将大雪分为三候：“一候鹖鴠不鸣；二候虎始交；三候荔挺出。”这是说此时因天气寒冷，寒号鸟也不再鸣叫了；由于此时是阴气最盛时期，正所谓盛极而衰，阳气已有所萌动，所以老虎开始有求偶行为；“荔挺”为兰草的一种，也感到阳气的萌动而抽出新芽。

人常说，“瑞雪兆丰年”。严冬积雪覆盖大地，可保持地面及作物周围的温度不会因寒流侵袭而降得很低，为冬作物创造了良好的越冬环境。

积雪融化时又增加了土壤

水分含量，可供作物春季生长的需要。另外，雪水中氮化物的含量是普通雨水的 5 倍，还有一定的肥田作用。

大雪时节，除华南和云南南部无冬区外，中国辽阔的大地已披上冬日盛装，东北、西北地区平均气温已达 -10℃以下，黄河流域和华北地区气温也稳定在 0℃以下，冬小麦已停止生长。

江淮及以南地区小麦、油菜仍在缓慢生长，要注意施好冬肥，为安全越冬和来春生长打好基础。

冬至不行船

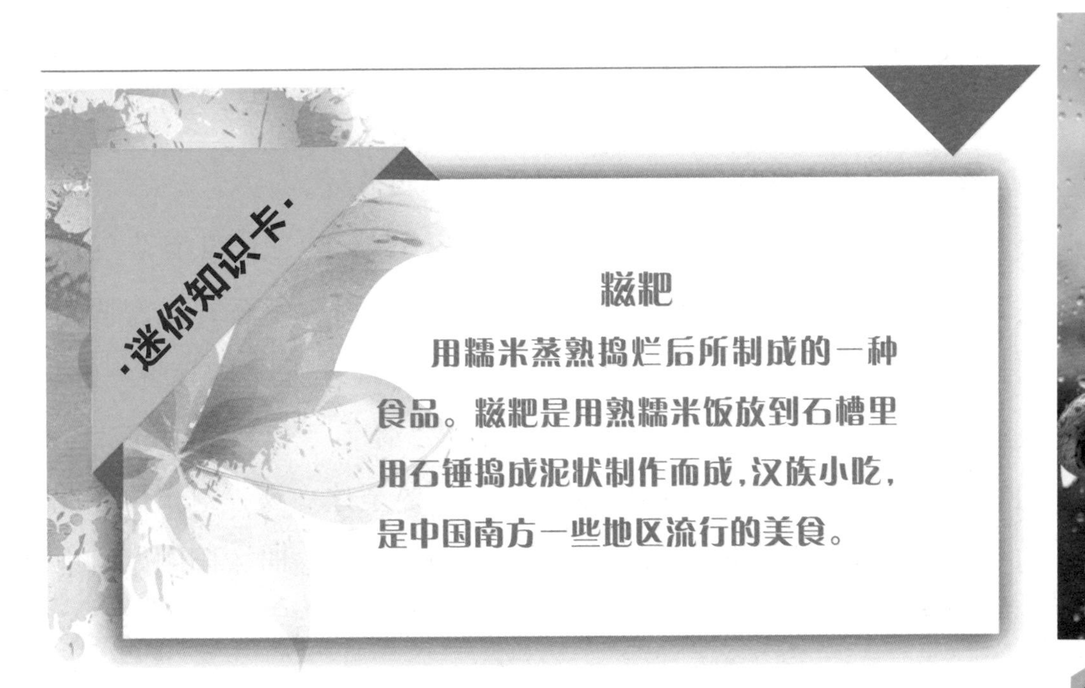

·迷你知识卡·

糍粑

用糯米蒸熟捣烂后所制成的一种食品。糍粑是用熟糯米饭放到石槽里用石锤捣成泥状制作而成，汉族小吃，是中国南方一些地区流行的美食。

第七章

冬至来了，春天还会远吗？

◆冬至又称为冬节

冬至为二十四节气之一，并且是最重要的节气之一。冬至是按天文划分的节气，古称“日短”“日短至”。冬至这天，太阳位于黄经 270 度，阳光几乎直射南回归线，是北半球一年中白昼最短的一天，相应的，南半球在冬至日时白昼全年最长。

冬至又称为冬节，依照我国传统的历法，以五日为一候，三候十五日为一节或一气，在一年里又分为十二节与十二气，合称为二十四节气，。

冬至就是二十四个节气的其中一个，因为冬至并没有固定于特定一日，所以和清明一样，被称为“活节”。

在冬至这一天，对于位于北半球的台湾，这时太阳刚好直射在南回归线，又称为冬至线上，使得台湾处于冬季的季节，因此使得北半球的白天最短，黑夜最长。

冬至过后，太阳又慢慢地向北回归线转移，台湾也由冬季接近春季，北半球的白昼又慢慢加长，而夜晚渐渐缩短，所以古时有“冬至一阳生”的说法，意思是说从冬至开始，阳气又慢慢的回升。

古人认为到了冬至，虽然还处在寒冷的季节，但春天已经不远了。这时外出的人都要回家过冬节，表示年终有所归宿。闽台民间认为每年冬至是全家人团聚的节日，因为这一天要祭拜祖先，如果外出不回家，就是不认祖宗的人。

根据周朝的记载，民间有利用冬至日至郊外祭祀天的活动，又因为周历的正月为夏历的十一月，因此，在周代的正月等于我们现在的十一月，所以拜岁和贺冬并没有分别，一直到汉武帝采用夏历后，才把正月和冬至分开。

因此，也可以说：过“冬节”是自汉代以后才有。就因历法的不同，使得民间一直传承着周历历法，认为冬至过后就是另一年的开始。

冬至

俗语说：“冬至在月头，

要冷在年底；冬至在月尾，要冷在正月；冬至在月中，无雪也没霜”。

俗语也说：“冬至黑，过年疏；冬至疏，过年黑”。

冬至一般在公历十二月二十二日或二十三日。在中国古代对冬至很重视，冬至被当作一个较大节日，曾有“冬至大如年”的说法，而且有庆贺冬至的习俗。

◆冬至传说

冬至过节源于汉代，盛于唐宋，相沿至今。

《清嘉录》甚至有“冬至大如年”之说。这表明古人对冬至十分重视。人们认为冬至是阴阳二气的自然转化，是上天赐予的福气。汉朝以冬至为“冬节”，官府要举行祝贺仪式称为“贺冬”，例行放假。

《后汉书》中有这样的记载：“冬至前后，君子安身静体，百官绝事，不听政，择吉辰而后省事。”所以这天朝庭上下要放假休息，军队待命，边塞闭关，商旅停业，亲朋各以美食相赠，相互拜访，欢乐地过一个“安身静体”的节日。

唐、宋时期，冬至是祭天祭祀祖的日子，皇帝在这天要到郊外举行祭天大典，百姓在这一天要向父母尊长祭拜，现在仍有一些地方在冬至这天过节庆贺。

过去老北京有“冬至馄饨夏

狗肉

至面”的说法。相传汉朝时，北方匈奴经常骚扰边疆，百姓不得安宁。当时匈奴部落中有浑氏和屯氏两个首领，十分凶残。

南北温差大

百姓对其恨之入骨，于是用肉馅包成角儿，取“浑”与“屯”之音，呼作“馄饨”。恨以食之，并求平息战乱，能过上太平日子。因最初制成馄饨是在冬至这一天，在冬至这天家家户户吃馄饨。

冬至吃狗肉的习俗据说是从汉代开始的。相传，汉高祖刘邦在冬至这一天吃了樊哙煮的狗肉，觉得味道特别鲜美，赞不绝口。

从此在民间形成了冬至吃狗肉的习俗。现在的人们纷纷在冬至这一天，吃狗肉、羊肉以及各种滋补食品，以求来年有一个好兆头。

在江南水乡，有冬至之夜全家欢聚一堂共吃赤豆糯米饭的习俗。

相传，共工氏有不孝子，作恶多端，死于冬至这一天，死后变成疫鬼，继续残害百姓。但是，这个疫鬼最怕赤豆，于是，人们就在冬至这一天煮吃赤豆饭，用以驱避疫鬼，防灾祛病。

冬至农事农谚：

冬至后，虽进入了“数九天

气”,但中国地域辽阔,各地气候景观差异较大。东北大地千里冰封,琼装玉琢;黄淮地区也常常是银装素裹,大江南北这时平均气温一般在5℃以上。

阴阳二气

冬作物仍继续生长,菜麦青青,一派生机,正是“水国过冬至,风光春已生”;而华南沿海的平均气温则在10℃以上,更是花香鸟语,满目春光。

冬至前后是兴修水利,大搞农田基本建设、积肥造肥的大好时机,同时要施好腊肥,做好防冻工作。

江南地区更应加强冬作物的管理,做好清沟排水,培土壅根,对尚未犁翻的冬壤板结要抓紧耕翻,以疏松土壤,增强蓄水保水能力,并消灭越冬害虫。已经开始春种的南部沿海地区,则需要认真做好水稻秧苗的防寒工作。

其主要农事有，一是三麦、油菜的中耕松土、重施冬肥、浇泥浆水、清沟理墒、培土壅根。

二是稻板茬棉田和棉花、玉米苗床冬翻,熟化土层。

三是搞好良种串换调剂,棉种冷冻和室内选种。是绿肥田除草,并注意培土壅根,防冻保苗。

五是果园、桑园继续施肥、冬耕清园;果树、桑树整枝修剪、更新补缺、消灭越冬病虫。

六是越冬蔬菜追施薄粪水、盖草保温防冻,特别要加强苗床的越冬管理。

七是畜禽加强冬季饲养管理、修补畜舍、保温防寒。

八是继续捕捞成鱼,整修鱼

池，养好暂养鱼种和亲鱼；搞好鱼种越冬管理。

◆节气变成节日

从殷周到秦朝，中国都以冬至为岁首，称作“过小年”。汉朝以冬至为“冬节”，官府要举行祝贺仪式，称为“贺冬”，例行放假。

宋朝以后，冬至是祭祀祖宗的日子。直到今天，民间还有“冬至大如年”的说法。在中国台湾，冬至一直作为寻根祭祖的大节。

在中国有“冬至馄饨夏至面”的谚语，很多地方冬至要吃

饺子

馄饨。西北一带吃饺子，在南方盛行吃汤圆，象征全家团圆。

古人认为，“冬至”是阴阳二气的自然转化，是上天赐予的福气。《后汉书》记载：“冬至前后，君子安身静体，百官绝事，不听政，择吉辰而后省事。”

所以这天朝廷上下要放假休息，军队待命，边塞闭关，商旅停业，亲朋各以美食相赠，相互拜访，欢乐地过一个“安身静体”的节日。

“冬至”这天，饺子是必不可少的节日饭。谚云：“十月一，冬至到，吃水饺。”据说这是为了纪念中国历史上的名医张仲景。

张仲景曾任长沙太守，后辞官回乡，他看到乡民面黄肌瘦，饥寒交迫，不少人的耳朵都冻烂了，便让弟子搭起医棚，支起大锅，在“冬至”那天舍“祛寒娇耳汤”医治冻疮。

人们吃了“娇耳”，喝了“祛

寒汤”,浑身暖和,两耳发热,冻伤的耳朵都治好了。后人学着“娇耳”的样子,包成食物,于是有了“饺子”。至今,民间仍有“冬至不端饺子碗,冻掉耳朵没人管”的民谣。

中国地处北半球,冬至这天白昼最短,黑夜最长。

《汉书》中说:“冬至阳气起,君道长,故贺。”人们认为:过了冬至,白昼一天比一天长,阳气回升,是一个节气循环的开始,也是一个吉日,应该庆贺。明、清两代皇帝均有祭天大典,谓之“冬至郊天”。

在中国传统的阴阳五行理论中,冬至是阴阳转化的关键节气。在十二辟卦为地雷复卦,称为冬至一阳生。曾有学者指出,清明和冬至,是二十四节气中的一阴一阳,选择这两个日子过节,这真是中国人中庸之道的绝妙体现。

由于苏州二千五百年前是吴国的都城,吴国始祖泰伯、仲雍是周太王后裔,曾承袭周代历法把冬至作为一年之初,所以至今古城苏州仍有“冬至大如年”的遗俗。而每年冬至夜的“菜单”更是考究,延续着渊远的吴地风情,形成了与其他城市不一样的独特意义。

在古城苏州的大街小巷的超市内,冬酿酒堆得像座“小山”。一年只酿造一次的冬酿酒,桂花香郁、甘甜爽口。

自古太湖地区盛产稻米,用糯米粉制成各种糕团更是当地颇具特色和最常见的点心。

圆圆的冬至团更是席间的必备点心,据说在苏州,一月元宵,二月二撑腰糕,三月青团子,四月十四神仙糕,五月炒肉馅团子,六月二十四谢灶团,七月豇豆糕,八月糍团,九月初九重阳糕,十月萝卜团,十一月冬至团,

苏州古城

十二月桂花猪油糖年糕，吃完十二道点心，新一年又来临。

据说，苏州人冬至还有吃馄饨的习俗。相传吴越春秋一宴上，吃腻了山珍海味的吴王没胃口，美女西施就进御厨房包出一种簸箕式点心献给吴王。

吴王一口气吃了一大碗，连声问道：“此为何种点心，如此鲜美？”

西施想：这昏君浑浑噩噩混沌不开，便随口应道：“混沌。”为了纪念西施的智慧和创造，苏州人便把它定为冬至节的应景美食。

“冬至进补，春天打虎”，是广泛流传于吴地的民间俗语。苏州人从冬至这天起，开始对身体启动大进补，也形成了秋后食羊肉的习俗，并达到食羊肉最高峰。

驰名中外的吴中藏书羊肉店的羊肉生意更是一下子兴旺了不少。

一家小型羊肉店的老板透露，冬至里他的羊肉店可卖出八只羊，对食者而言，无论是烧、焖、炖、煮，都是既享口福又补身体，实是一举两得的美事。

◆福建冬至暝搓丸

“冬至霜，月娘光；柏叶红，

丸子捧。”这是冬至一首儿歌。

冬至前一夜，莆俗叫“冬至暝”。这天傍晚，家家厅堂上红烛通明，灯光如昼，寓意事业辉煌。桌上以红柑为“果岳”。

冬丸

红柑的最顶层插上“三春”一支，用红纸条封腰的箸子一副和生姜、板糖各一块，一家人洗手面，家长点烛上香，放了鞭炮，开始“搓丸”。

所搓的“丸子”，是白色的，如当年有新婚的，则是搓红色丸子，以示家中添丁，家道会更红火。这时，女的穿上红衫，在灯光下分外耀目，孩子们笑口开颜，天真活泼。

大家一齐围在大簸箕的四周，孩子们坐在高高的凳子上，“跃跃欲试”。

主妇把糯米碾成的粉加入开水揉捏成圆形长条，摘成一大粒一大粒圆坯，然后各人用手掌把它搓成一粒粒如桂元核大小的“丸子”，这就是“冬至暝搓丸”。

其中最有兴趣的是：大人有的在捏元宝、聚宝盆；有的在捏小狗、小猪，取“运气好、狗仔衔元宝”及“做狗、做猪、做元宝”的俗谚，寓有“财源广进、六畜兴旺”的意思。

搓丸”毕，把“丸子”放在“大笠孤”之中，扣上盖子，摆在“灶公”灶前过夜。

冬至的夜最长，而孩子们爱

吃“丸子汤”，睡不着，天未亮，就吵着妈妈要吃“丸子汤”，故有“爱吃丸子汤，盼啊天未光”的童谣。

主妇把“丸子”倒进锅里，和生姜、板糖加水一起煮成香、甜、粘、热的“甜丸子汤”。把它祭祖后，全家人分而食之。

要把“丸子”粘在门框之上，以祀“门丞户尉”，保一家平安。还要把“喜鹊丸”丢在屋顶，等喜鹊来争食时，噪声哗然，俗叫“报喜”，寓意五福临门。

冬至早，一家人带着“丸子”、水果、香烛、纸钱等上山祭扫祖墓。因为冬至节是一年中最后的一个扫墓节，所以扫墓的人家反比清明和重阳两节的为多，寓慎终追远之意。

◆潮汕冬至习俗

潮汕民间，在这一天备足猪肉、鸡、鱼等三牲和果品，上祠堂祭拜祖先，然后家人围桌共餐，一般都在中午前祭拜完毕，午餐家人团聚。

但沿海地区如饶平之海山一带，则在清晨便祭祖，赶在渔民出海捕鱼之前，意为请神明和祖先保佑渔民出海捕鱼平安。

吃甜丸习俗几乎普及整个潮汕地区，但这个习俗还包含着一个有趣的陋俗：人们在这一天把甜丸祭拜祖先之后，拿出一些贴在自家的门顶、屋梁、米缸等处。

为什么要这样做呢？相传有两个原因：一是甜丸既甜又圆，是表示好意义，它预示明年又获丰收，家人又能团聚。这一天家人如能不慎碰上它，更是好兆头，这有如少数民族的“泼水节”一样。

如果这一天碰巧有外人上门拜访，让外人碰上它，这些外人也会交上好运。所以，这一天

潮汕冬节吃甜丸

如今四害之一。

然而，这个"到处贴甜丸"的陋俗毕竟行不久，它不仅不卫生，而且有损美观和十分浪费，也就自然消亡了。而这个"吃甜丸"的习俗则一直流传至今。

人们不希望有外人上门拜访。一是专放给老鼠吃的。

相传五谷的种子，是老鼠从很远很远的地方咬来给农民种的，农民为报答老鼠的功劳，约定每年收割时，应留一小部分不收割，以便老鼠吃。

后来，因为有一个贪心的人，把田里的五谷全收割了，老鼠一气之下便向观音娘娘投诉，观音娘娘听后也觉得可怜，便赐给它一副坚硬的牙齿，叫它以后搬进人家屋内居住，以便寻食，自此，老鼠便到处为害了。成为

上坟扫墓：这是冬至另一项活动。按潮汕习俗，每年上坟扫墓一般在清明和冬至，谓之"过春纸"和"过冬纸"。

一般情况，人死后前三年都应行"过春纸"俗例，三年后才可以行"过冬纸"。但人们大多喜欢行"过冬纸"，原因是清明时节，经常下雨，道路难走；冬至时则气候好，便于上山野餐。

潮汕还有"吃了冬节圆多一岁"的俗谚。

古时每年秋天，都是杀人的季节，凡犯死罪的犯人一般都在

秋季被处决，如果到冬至尚未处决，则循例可延至明年再处决，所以说“又多一岁”。

◆绍兴民间冬至祭祖先

冬至是绍兴民间一年中的大节，谚称“冬至大如年”。

在古代，人们一直是把它当作另一个新年来过的。绍兴民间冬至家家祭祀祖先，有的甚至到祠堂家庙里去祭祖，谓“做冬至”。

一般于冬至前剪纸作男女衣服，冬至送至先祖墓前焚化，俗称“送寒衣”。祭祀之后，亲朋好友聚饮，俗称“冬至酒”，既怀念亡者，又联络感情。

绍兴、新昌等县的习俗，多在冬至日去坟头加泥、除草、修基，以为此日动土大吉，否则可能会横遭不测之祸。

冬至又称“长至”，一年中，此日夜晚为时最长，故民间有“困觉要困冬至夜”之说，谓冬至安眠一夜，可保全年好梦天天。

旧时，食米多用石碓石臼舂白，绍兴人爱在冬至日前后将一年中的吃饭米预先舂好，谓之“冬舂米”，一来因为过了冬至，再个把月时间就“着春”了，家事将兴，人人须忙于备耕，无暇再去舂米；二来因为春气一动，米芽浮起，米粒便不如冬令时的坚实，冬舂米可免米粒易碎，减少粮食的损耗。

绍兴人家中酿酒，一般都爱在冬至前下缸，称为“冬酿酒”，酿成后香气扑鼻，特别诱人，加之此时的水还属冬水，所酿之酒易于保藏，不会变质。此时还可以用特种技法酿成“酒窝酒”“蜜殷勤”以飨老人，或作礼品馈赠亲友。

冬至夜，绍兴民间还有“生

火熄”习俗，将隔夜火熄，裹入被内，谓至翌晨炭火不熄，可兆来年家事兴旺发达。

◆测量冬至日日影

庄子说，天地有大美而不言，四时有明法而不仪，万物有成理而不说。天地大美、四时序列、万物荣枯，都是自然规律所致。

中国的古人们通过仔细观察日月星辰的运行，来定岁、时。而历法是推算年、月、日的时间长度和它们之间的关系，制定时间序列的法则。定出年、月、日的长度，是制定历法的主要环节。

公元前 104 年，汉武帝颁布实行了《太初历》。这是中国流传至今的第一部完整的历法，并首次提出了闰月的概念。

这一历法根据当时的天文知识，把月份、闰月、季节排布得非常合理，规定每个月都要有固定的中气，如雨水一定要安排在正月，春分一定要安排在二月，冬至一定要安排在十一月，第一次以没有中气的月份为闰月。

实际上，闰月的安排正是修正历法的一次重大尝试。

中国古代的科学家一直致力于通过冬至日影长度，精确算准太阳公转周期。故宫里的土圭

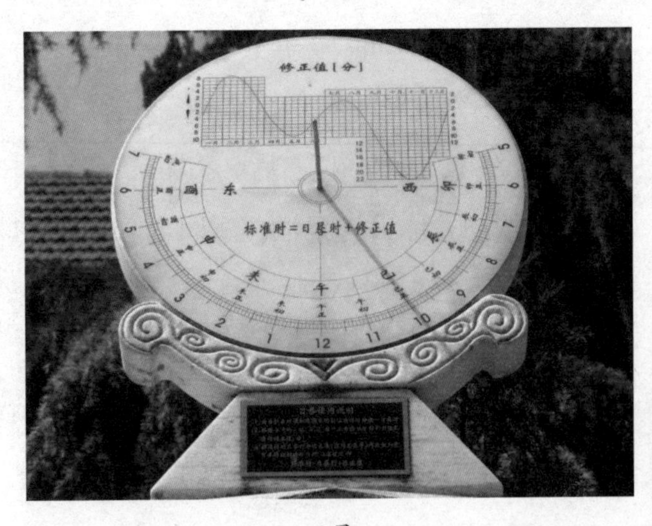

日晷

和晷表，就是古人测量日影长度的工具。“土”是度量的意思，“圭”是一条尖头的玉器，土圭就是量度日影的一把玉尺。

相传，周公姬旦曾竖立起圭表测量冬至和夏至的日影，来定出一年的长度和季节。

《左传》上曾记录着一段历史事件：公元前654年冬至那天，鲁国的僖公带领群臣举行了仪式，还亲自登上观测台，去观看太阳照射在表上投下的影子。有关官员则记下情况存作资料。

东汉的科学家发现：第二年冬至日影其实与上年的不一样长。第三年和第四年仍然如此，要到第五年，冬至日影才同第一年的长度相等。算算日子，四个年头共有1461日。通过计算，一年应当是365.41日。这与现今通用的公历365.2425日已经非常接近了。

而南北朝时期的中国著名数学家、科学家祖冲之，在《大明历》中做出的重大改革是修改闰法。之前的历法，采用19年加7个闰月的办法。

如果按照这一数据，那么，每200年就要相差1天。因此，要想使历法更精确，就必须对闰法进行改革。采用了391年加144个闰月的新闰法。

元代郭守敬创造了相当于四层楼房高的四十尺高表，配着一百二十八尺长的石圭。郭守敬又采取测定长度的技术措施，使影长尺寸能量到半厘，即0.12毫米。而他测量一年日数和现今通用的公历相同，但比西方早了3个世纪。

◆冬至为啥没有三九冷？

冬至开始“数九”，作为对寒冬的计时方法，我国民间将冬至

不要在树下躲雨

后的81天划分为9个阶段，每一个阶段为9天，称作“冬九九”，也就是常说的数九寒天。

一年中，冬至这天白昼最短，太阳光线与地面的夹角最小，地面得到太阳热量最少，应该说最冷在冬至了。

统计资料表明，北京冬天中1月上中旬最冷，其中1月上旬平均气温是零下4.6℃，1月中旬平均气温是零下4.4℃，这一时期正是“三九”天。

气象专家介绍，“数九”寒冬是从每年冬至节气开始，每九天为一个阶段，这81天一般是从当年的12月下旬到来年的2月。

民间流传的“九九”歌对自然现象的描述，从现代气候学观点看是十分吻合的。冬至是白天最短、黑夜最长的一天，地表吸收太阳辐射量也最少。

冬至过后，白天逐渐变长，但每一天仍是夜长昼短，地表散失的热量比从太阳辐射中吸收的热量要多，天气还会冷下来。到了“三九”，地面蓄积的热量最少，因此会出现全年的最低气温。

◆九九一数过寒冬

“一九二九不出手；三九四

九冰上走；五九六九沿河看柳；七九河开八九雁来；九九加一九，耕牛遍地走。”

冬至过后，进入“数九”时节。冬天的《九九歌》至今流行，你知道它的来历吗？

关于“数九”的习俗的文字记载，最早见于公元550年南北朝时期梁朝宗懔所著《荆楚岁时记》，到现在已有1445年的历史，“九九歌”的产生和流传由来已久。

到了明代，又在士绅阶层产生与发展起：“画九”“写九”的习俗，使数九所反映的暖长寒消的情况形象化，不仅是一项科学记录天气变化的时间活动，也是一项有趣的“熬冬”智能游戏。

不管是画的还是写的，统称作“九九消寒图”。不管是哪种“九九消寒图”，只要认真填画，都能忠诚记录这段寒消暖长的具体状况，而成为一份珍贵的气象资料。

不仅供个人和亲友从中揣摩出冬季天气变化的规律并为以后过冬、“熬冬”有了做好准备的依据；就是对科学家首先是气象学家和农学家提供一份详实可靠的参考、研究的资料。因为中国地跨北温带和亚热带，各地气候冷暖变化不一样，所以各地的“九九歌”的内容

三九

也不一样。

如北方的“九九歌”说：“一九二九不出手；三九四九凌上走；五九六九，沿河看柳；七九河开，八九雁来；九九八十一，家里做饭地里吃。”

“五九半，凌消散。春打六九头，七九六十三，路上行人把衣担。八九不犁地，不过三五日，九尽杨花开。”

“春打六九头，卖了皮袄买个牛。”

“一九二九，相唤不出手。三九二十七，篱头吹觱篥。四九三十六，夜眠如露宿。五九四十五，家家推盐虎。六九五十四，口中哂暖气。七九六十三，行人把衣担。八九七十二，猫狗寻阴地。九九八十一，穷汉受罪毕。”

湖南的“九九歌”说：“冬至是头九，两手藏袖口；二九一十八，口中似吃辣椒；三九二十七，见火亲如蜜；四九三十六，关住房门把炉守；五九四事务，开门寻暖处。六九五十四，杨柳树上发青绦；七九六十三，行人脱衣衫；八九七十二，柳絮满地飞；九九八十一，穿起蓑衣戴斗笠。”

地在坝上的蔚县则说：“一九二九，哑门（形容张嘴）叫狗（形容打嗝儿）；三九四九，冻破碌碡；五九六九，开门大走；七九河开河不开，八九雁来雁准来；九九河重冻，米面撑破翁。”

三九四九冰上走

“九九”的说法不但对计算气候时令十分方便，而且很有情趣，编成歌谣，人们也容易记忆。

◆冬至旧俗——亲友互赠棉衣

冬至为农历二十四节气之一，乡村农户普遍都有当做吉日盛节的习俗。民间俗称冬至三刻阳气上升，有冬至阳生寿即归之说。

章丘绣惠、宁埠乡镇一带村落，百姓便将摊煎饼、熬黏粥烧灶的秫秸灰，冷却后装入竹筒内，盛满后表面糊上一层白纸封严，隔夜查看白纸会自动撑破，以此法证明阳气升腾。

根据《汉书》中记述：“冬至阳气起而君道长，乃乱而复活之机，故贺。”乡村皆举办隆重礼仪庆典。

八九雁来

冬至前后三日，君不听政，百官朝贺。乡村、城镇、官府内丝竹管弦合鸣，轻歌曼舞；官衙外则锣鼓唢呐齐奏，龙腾狮舞，一派热闹非凡的盛景。民间则三日歇市，学子休假，举办乡间娱乐活动共庆同贺。

冬至这天恰逢“交九”，有“冬至三九冰最坚”之说。这时，酷冬已临，寒风似刀，雪蝶纷飞。古人曾戏作“打油诗”云：“山河一笼统，井上黑窟窿；黄犬变白犬，黑狗身浮肿。”

旧时冬至，至亲密友要互赠御寒棉衣，以示亲情关照。

在章丘北部刁镇、宁埠，南

部胡山、曹范一带，土地宽满肥沃，农家多以男耕女织过活度日，庄户人家便纷纷举办“消寒会”。

从冬至早饭后，当家人便开始洗菜做肴、杀鸡蒸馍、浸茶烫酒、置办酒席。每年冬至傍晚，便盛情邀齐四邻八舍的开墒犁田的巧把式、推车拧水的壮劳力汇聚一堂、开怀畅饮、猜拳行令，姑嫂妯娌们则在火炉旁说说笑笑。

冬至又称为“亚年”

一直热闹到夜半时分，一个个酒足饭饱，方才散去。俗说：“冬至笑闹夜无眠，吃香喝辣如过年”，所以冬至又称为“亚年”。

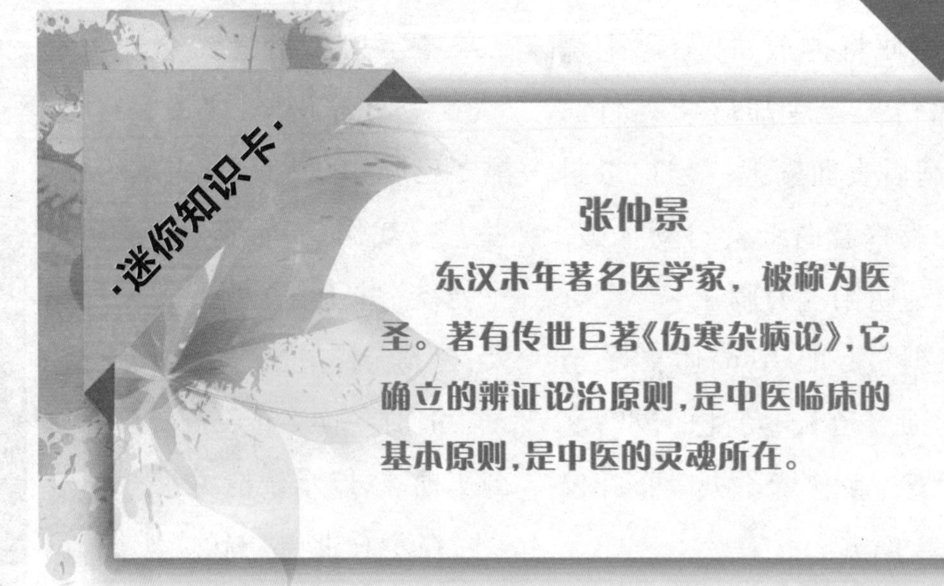

·迷你知识卡·

张仲景

东汉末年著名医学家，被称为医圣。著有传世巨著《伤寒杂病论》，它确立的辨证论治原则，是中医临床的基本原则，是中医的灵魂所在。

第八章

大寒小寒又一年

小寒

◆小寒意味着天气已经很冷

每年1月5日或6日太阳到达黄经285度时为小寒，它与大寒、小暑、大暑及处暑一样，都是表示气温冷暖变化的节气。

《月令七十二候集解》：“十二月节，月初寒尚小，故云。月半则大矣。”小寒的意思是天气已经很冷，中国大部分地区小寒和大寒期间一般都是最冷的时期，“小寒”一过，就进入“出门冰上走”的三九天了。

中国古代将小寒分为三候：“一候雁北乡，二候鹊始巢，三候雉始鸲”，古人认为候鸟中大雁是顺阴阳而迁移，此时阳气已动，所以大雁开始向北迁移；此时北方到处可见到喜鹊，并且感觉到阳气而开始筑巢；第三候“雉鸲”的“鸲”为鸣叫的意思，雉在接近四九时会感阳气的生长而鸣叫。

这时北京的平均气温一般在零下5℃上下，极端最低温度在零下15℃以下；中国东北北部地区，这时的平均气温在零下30℃左右，极端最低气温可低达零下50℃以下，午后最高气温平均也不过零下20℃，真是一个冰

小寒胜大寒

雕玉琢的世界。

黑龙江、内蒙古和新疆45° N以北的地区及藏北高原，平均气温在—20℃上下，40° N附近的河套以西地区平均气温在—10℃上下，都是一派严冬的景象。

到秦岭、淮河一线平均气温则在0℃左右，此线以南已经没有季节性的冻土，冬作物也没有明显的越冬期。这时的江南地区平均气温一般在5℃上下，虽然田野里仍是充满生机，但偶尔有冷空气南下，造成一定危害。

小寒时节，除南方地区要注意给小麦油菜等作物追施冬肥，海南和华南大部分地区则主要是做好防寒防冻、积肥造肥和兴修水利等工作。

在冬前浇好冻水、施足冬肥、培土壅根的基础上，寒冬季节采用人工覆盖法也是防御农林作物冻害的重要措施。

当寒潮成强冷空气到来之时，泼浇稀粪水，撒施草木灰，可有效地减轻低温对油菜的危害，露地栽培的蔬菜地可用作物秸秆、稻草等稀疏地撒在菜畦上作为冬季长期覆盖物，既不影响光照，又可减小菜株间的风速，阻挡地面热量散失，起到保温防冻的效果。

遇到低温来临再加厚覆盖物作临时性覆盖，低温过后再及时揭去。

大棚蔬菜这时要尽量多照阳光，即使有雨雪低温天气，棚外草帘等覆盖物也不可连续多日不揭，以免影响植株正常的光合作用，造成营养缺乏，天晴揭帘时导致植株萎蔫死亡。

高山茶园，特别是西北向易受寒风侵袭的茶园，要以稻草、杂草或塑料薄膜覆盖棚面，以防止风抽而引起枯梢和沙暴对叶片的直接危害。

雪后，应及早摇落果树枝条

上的积雪，避免大风造成枝干断裂。

◆小寒期间的主要气候特点

按顺序小寒是二十四节气中的第二十三个节气，也是腊月迎春中的一个节气。

小寒”一过，就进入“出门冰上走”的三九天了。小寒的特点是：天渐寒，尚未大冷。隆冬“三九”也基本上处于本节气内，因此有“小寒胜大寒”之说。

“小寒、大寒冻作一团”和“街上走走，金钱丢手”两句古代民间谚语，都是形容这一节气的寒冷。

同时这时正值“三九”前后，俗话说“冷在三九”。这是因为在上一个节令冬至时，地表得到太阳光、热最少，但还有土壤深层的热量补充，所以还不是全年最冷的时候。

等到冬至过后，也是到“三九”前后，土壤深层的热量也消耗殆尽，尽管得到太阳光、热稍有增加，仍入不敷出，于是便出现全年的最低温度。

在此节气时，中国大部分地区已进入严寒时期，土壤冻结，河流封冻，加之北方冷空气不断南下，天气寒冷，人们叫做“数九寒天”。

在中国南方虽然没有北方

踢毽子

峻冷凛冽，但是气温亦明显下降。在南方最寒冷的时候是小寒及雨水和惊蛰之间这两个时段。小寒时是干冷，而雨水后是湿冷。

小寒

“小寒”时值阳历一月上半月，农历十二月上半月。“小寒”是反映温度变化的节气。意思是天气虽然寒冷，还不到最冷的时节，故名“小寒”。此时要更加注意防寒。

◆小寒民间风俗

小寒正处三九前后，俗话说：“冷在三九”，其严寒程度也就可想而知了，各地流行的气象谚语，可做佐证。

如华北一带有“小寒大寒，滴水成冰”的说法，江南一带有“小寒大寒，冷成冰团”的说法。

每年的大寒小寒虽说寒冷，但寒冷的情况也不尽相同。有的年份小寒不是很冷，这往往预示大寒要冷，广西群众有“小寒不寒寒大寒”的谚语。

根据小寒的冷暖情况预示未来天气的谚语不少。如“小寒天气热，大寒冷莫说”“小寒不寒，清明泥潭”“小寒大寒寒得透，来年春天天暖和”“小寒暖，立春雪”“小寒寒，惊蛰暖”等。

根据小寒节气阴雨情况，预示未来天气的谚语有："小寒蒙蒙雨，雨水还冻秧""小寒雨蒙蒙，雨水惊蛰冻死秧"。

群众在多年的实践中，总结了小寒大寒与小暑大暑的天气对应关系。如湖南省的"小寒大寒不下雪，小暑大暑田开裂"，山东省的"小寒无雨，小暑必旱"等。

南京：吃菜饭。古时，南京人对小寒颇重视，但随着时代变迁，现已渐渐淡化，如今人们只能从生活中寻找出点点痕迹。

到了小寒，老南京一般会煮菜饭吃，菜饭的内容并不相同，有用矮脚黄青菜与咸肉片、香肠片或是板鸭丁，再剁上一些生姜粒与糯米一起煮的，十分香鲜可口。其中矮脚黄、香肠、板鸭都是南京的著名特产，可谓是真正的"南京菜饭"，甚至可与腊八粥相媲美。

大寒

到了小寒时节，也是老中医和中药房最忙的时候，一般入冬时熬制的膏方都吃得差不多了。到了此时，有的人家会再熬制一点，吃到春节前后。

居民日常饮食也偏重于暖性食物，如羊肉、狗肉，其中又以羊肉汤最为常见，有的餐馆还推出当归生姜羊肉汤，近年来，一些传统的冬令羊肉菜肴重现餐桌，再现了南京寒冬食俗。

俗话说，"小寒大寒，冷成冰团"。南京人在小寒季节里有一套地域特

大寒

色的体育锻炼方式，如跳绳、踢毽子、滚铁环，挤油渣渣、斗鸡等。

如果遇到下雪，则更是欢呼雀跃，打雪仗、堆雪人，很快就会全身暖和，血脉通畅。

广东吃糯米饭是广州传统，小寒早上吃糯米饭，为避免太糯，一般是60%糯米，40%香米，把腊肉和腊肠切碎，炒熟，花生米炒熟，加一些碎葱白，拌在饭里面吃。

◆大寒是一年中的寒冷时期

大寒是二十四节气之一。每年1月20日前后太阳到达黄经300°时为大寒。

《月令七十二候集解》："十二月中，解见前（小寒）。"这时寒潮南下频繁，是中国大部地区一年中的最冷时期，风大、低温、地面积雪不化，呈现出冰天雪地、天寒地冻的严寒景象。

这个时期，铁路、邮电、石油、海上运输等部门要特别注意及早采取预防大风降温、大雪等灾害性天气的措施。农业上要加强牲畜和越冬作物的防寒防冻。

中国古代将大寒分为三候："一候鸡乳；二候征鸟厉疾；三候水泽腹坚。"就是说到大寒节气便可以孵小鸡了；而鹰隼之类的征鸟，却正处于捕食能力极强的状态中，盘旋于空中到处寻找食物，以补充身体的能量抵御严寒；在一年的最后五天内，水域中的冰一直冻到水中央，且最结实、最厚。

同小寒一样，大寒也是表征天气寒冷程度的节气。近代气象观测记录虽然表明，在中国绝大部分地区，大寒不如小寒冷；但是，在某些年份和沿海少数地方，全年最低气温仍然会出现在大寒节气内。

大寒时节，中国南方大部分地区平均气温多为6℃至8℃，比小寒高出近1℃。"小寒大寒，冷成一团"的谚话，说明大寒节气也是一年中的寒冷时期。所以，继续做好农作物防寒工作，特别应注意保护牲畜安全过冬。

对于某些作物来说，在一定生育期内需要有适当的低温。冬性较强的小麦、油菜，通过春化阶段就要求较低的温度，否则不能正常生长发育。

大寒

中国南方大部分地区常年冬暖，过早播种的小麦、油菜，往往长势太旺，提前拔节、抽薹，抗寒能力大大减弱，容易遭受低温霜冻

“冰冻三尺”

盾一般并不突出。不过“苦寒勿怨天雨雪，雪来遗到明年麦”。在雨雪稀少的情况下，不同地区按照不同的耕作习惯和条件，适时浇灌，对小麦作物生长无疑是大有好处的。

的危害。可见，因地制宜选择作物品种，适时播栽，并采取有效的促进和控制措施，乃是夺取高产的重要一环。

小寒、大寒是一年中雨水最少的时段。常年大寒节气，中国南方大部分地区雨量仅较前期略有增加，华南大部分地区为5至10毫米，西北高原山地一般只有1至5毫米。

华南冬旱，越冬作的这段时间耗水量较小，农田水分供求矛

◆大寒小寒谁更寒？

两千多年的先人，在二十四节气中定出小寒大寒。两个节气都很寒冷，但定为大小之分，是为了表明不同的寒冷程度。

《授时通考·天时》引《三礼义宗》：“大寒为中者，上形于小寒，故谓之大……寒气之逆极，故谓大寒。”望文思义，大寒应该冷于小寒。

也有一种说法“小寒胜大寒”，也就是说小寒比大寒更加寒冷。因为“九九歌”认为小寒冷，依照“冷在三九”“三九四九河上走”“三九四九冻死狗”的说法。小寒一共 15 天，其中有 12 天在“三九、四九”中，所以推断小寒期间气温最低。

小寒和大寒节气到底哪个更冷呢？这个问题并没有一个确切的答案。历史资料统计表明：不同地点、不同年份情况不尽相同，一般来说，北方大寒节气的平均最低气温要低于小寒节气的平均最低气温；南方则反之。

气候专家认为，某个地方是大寒冷还是小寒冷，影响的因素很多，某个年份或某个地区，是小寒冷还是大寒冷要具体分析。

◆大寒节气天气农谚

节气和农业有着紧密的联系，有时农民通过节气当天的天气情况可以准确地预见作物的丰收情况。

驾驭严寒

“大寒不寒，春分不暖”。这句谚语的意思是：大寒这一天如果天气不冷，那么寒冷的天气就会向后展延，来年的春分时节天气就会十分寒冷。

“大寒见三白，农人衣食足”。这句谚语的意思是：在大寒时节里，如果能多下雪，把蝗虫的幼虫冻死，这样来年的农作物就不会遭到虫灾，农作物才会丰收，农人们就可以丰衣足食了。

“大寒猪屯湿，三月谷芽烂”“大寒牛眠湿，冷到明年三月三”“南风送大寒，正月赶狗不出门”

从民间流传的说法来看，寒宜冷不宜暖。大寒暖，则对农业生产不利，这方面的谚语有很多，谚语表明：大寒节气天气暖湿，预示阳历2~4月份的低温阴雨严重，对春耕作物生长产生不利影响。

“大寒日怕南风起，当天最忌下雨时”。

“大寒”当天的天气曾经是农业的重要指标。只要这一天吹起北风，并且让天气变得寒冷，就表示来年会丰收，相反，如果这一天是吹南风而且天气暖和，则代表来年作物会歉收；如果遇到当天下起雨来，来年的天气就可能会不太正常，进而影响到作物的生长。

农民朋友在农业生产中要掌握好冷暖变化规律，根据不同的年份、不同的地理位置、地形条件等，随时关注气象部门对各个时期的预测预报，合理种植农作物，避免出现不必要的损失。

比如，在引进新的作物品种之前，要对种植地区的地形、四周环境、温度、降水、湿度等掌握清楚，对引进的品种是否适应当地的气象环境要充分调研、论证。

特别是较大规模进行引进经济作物时，更是不能忽视；小规模种植时也要注意周围的地形环境，如在大水库周围，由于水的调温作用，其冻害往往较轻或没有，可在寒冬之前将一些易受冻的经济作物和花草放置或种植在水库四周。

又如，马蹄形朝南的地形比一般的开阔地形的最低气温要高得多，因而那里是许多越冬害虫的聚集地带，我们可以据此重点灭杀。

种植烤烟要根据当时的天气变化，加强管理，寒冷时，采用薄膜覆盖育苗的，苗床要保持密封。

大棚作物根据天气变化，做好温湿调控，在中午前后揭开大棚两端进行通风，但下午4时以前必须关好，以保持棚内温度。

◆大寒期间的风俗和节庆

按中国的风俗，特别是在农村，每到大寒节，人们便开始忙着除旧布新，腌制年肴，准备年货。在大寒至立春这段时间，有很多重要的民俗和节庆。

贴年画

如尾牙祭、祭灶和除夕等，有时甚至连中国最大的节庆春节也处于这一节气中。大寒节气中充满了喜悦与欢乐的气氛，是一个欢快轻松的节气。

尾牙源自于拜土地公做“牙”的习俗。所谓二月二为头牙，以后每逢初二和十六都要做

“牙”到了农历十二月十六日正好是尾牙。

尾牙同二月二一样有春饼，南方叫润饼，这一天买卖人要设宴，白斩鸡为宴席上不可缺的一道菜。据说鸡头朝谁，就表示老板明年要解雇谁。因此现在有些老板一般将鸡头朝向自己，以使员工们能放心地享用佳肴，回家后也能过个安稳年。

腊月二十三日为祭灶节。传说灶神是玉皇大帝派到每个家中监察人们平时善恶的神，每年岁末回到天宫中向玉皇大帝奏报民情，让玉皇大帝赏罚。因此送灶时，人们在灶王像前的桌案上供放糖果、清水、料豆、秣草；其中，后三样是为灶王升天的坐骑备料。

祭灶时，还要把关东糖用火融化，涂在灶王爷的嘴上。这样。他就不能在玉帝那里讲坏话了。常用的灶神联上也往往写着“上天言好事，回宫降吉祥。”及“上天言好事，下界保平安。”之类的字句。

另外，大年三十的晚上，灶王还要与诸神来人间过年，那天还得有“接灶”“接神”的仪式。所以俗语有“二十三日去，初一五更来”之说。

在岁末卖年画的小摊上，也卖灶王爷的图像，以便在“接灶”

春饼

仪式中张贴。图像中的灶神是一位眉清目秀的美少年，因此中国北方有“男不拜月，女不祭灶”的说法。以示男女授受不亲。也有的地方对灶王爷与灶王奶奶合祭的，便不存在这一说法了。

腊月三十为除夕。元旦是一年之始，而除夕是一年之终。中国人民历来重视“有始有终”，所以除夕与第二天的元旦这两天，便成为中国最重要的节庆。

尽管过去从封印日至开印日都是过年活动期间，但从古至今最隆重的便是除夕与元旦这两天。中国各地在腊月三十这天的下午，都有祭祖的风俗。称为“辞年”。

除夕祭祖是民间大祭，有宗祠的人家都要开祠，并且门联、门神、桃符均已焕然一新，还要点上大红色的蜡烛，然后全家人按长幼顺序拈香向祖宗祭拜。

除夕之夜，人们要鸣放烟花爆竹，焚香燃纸，敬迎谒灶神，叫做“除夕安神”。入夜，堂屋、住室、灶下，灯烛通明，全家欢聚，围炉熬年、守岁。

舞狮

新中国建立后，安神烧香活动渐废，其他欢庆活动依然。近年来，于除夕夜晚又增加了看电视，参加娱乐活动等新内容。

除夕的晚餐又称年夜饭，是中国人最重要的一顿饭。这顿饭主食为饺子，还有很多象征吉祥如意的菜肴。

如“鱼”与“余”同音，一般只看不吃或不能吃完，取“年年有余”之意；韭菜取其“长久”之意；鱼丸与肉丸取其“团圆”之意等，这些都是不能少的菜肴。

吃过年夜饭便开始守岁，一到子时，便开始燃放烟花爆竹，庆贺新年。过年的压岁钱一般是用红纸包好，有的放在祭祖的供桌上，也有的压在岁烛下，也有大人偷偷压在小孩枕下，其意义均相同，是为勉励晚辈来年更聪明而有更大的收获。

◆大寒节气话寒潮

大寒时节，天气寒冷，寒潮南下频繁。寒潮和强冷空气通常带来的大风、降温天气，是中国冬半年主要的灾害性天气。

寒潮大风对沿海地区威胁很大，如 1969 年 4 月 21 日—4 月 25 日那次的寒潮，强风袭击渤海、黄海以及河北、山东、河南等省，陆地风力 7 ~ 8 级，海上风力 8 ~ 10 级。

此时正值天文大潮，寒潮爆发造成了渤海湾、莱洲湾几十年来罕见的风暴潮。在山东北岸一带，海水上涨了 3 米以上，冲毁海堤 50 多千米，海水倒灌 30~40 千米。

寒潮带来的雨雪和冰冻天气对交通运输危害不小。如 1987 年 11 月下旬的一次寒潮过程，使哈尔滨、沈阳、北京、乌鲁木齐等铁路局所管辖的不少车站道岔冻结，铁轨被雪埋，通信信号失灵，列车运行受阻。雨雪过后，道路结冰打滑，交通事故明显上升。

交通受阻

寒潮袭来对人体健康危害很大,大风降温天气容易引发感冒、气管炎、冠心病、肺心病、中风、哮喘、心肌梗塞、心绞痛、偏头痛等疾病,有时还会使患者的病情加重。

很少被人提起的是,寒潮也有有益的影响。地理学家的研究分析表明,冷空气活动有助于地球表面热量交换。

随着纬度增高,地球接收太阳辐射能量逐渐减弱,因此地球形成热带、温带和寒带。寒潮携带大量冷空气向热带倾泻,使地面热量进行大规模交换,这非常有助于自然界的生态保持平衡,保持物种的繁茂。

中国受季风影响,冬天气候干旱,但每当寒潮南侵时,常会带来大范围的雨雪天气。所以有"瑞雪兆丰年"的农谚,这句农谚为什么能在民间千古流传呢?

这是因为寒潮来临时伴随大范围的雨雪天气,大雪覆盖在越冬农作物上,就像棉被一样起到抗寒保暖的保温作用;而且雨雪也缓解了冬天的旱情,使农作物受益;再者雪水中的氮化物含量高,是普通水的5倍以上,可使土壤中氮素大幅度提高;而且雪水还能加速土壤有机物质分解,从而增加土中有机肥料。

有道是“寒冬不寒,来年不丰”,这同样有其科学道理。

农作物病虫害防治专家认为,寒潮带来的低温,是目前最有效的天然杀虫剂,可大量杀死潜伏在土中过冬的害虫和病菌,或抑制其滋生,减轻来年的病虫害。

寒潮还可带来风资源。科学家认为,风是一种无污染的宝贵动力资源。举世瞩目的日本宫古岛风能发电站,寒潮期的发电效率是平时的1.5倍。

大寒吃饺子

◆流传至今的大寒小寒农谚

小寒正处三九前后,俗话说:“冷在三九”,其严寒程度也就可想而知了,各地流行的气象谚语,可做佐证。如华北一带有“小寒大寒,滴水成冰”的说法,江南一带有“小寒大寒,冷成冰团”的说法。每年的大寒小寒虽说寒冷,但寒冷的情况也不尽相同。

有的年份小寒不是很冷,这往往预示大寒要冷。

根据小寒的冷暖情况预示未来天气的谚语不少。

如“小寒天气热,大寒冷莫说”“小寒不寒,清明泥潭”“小寒大寒寒得透,来年春天天暖和”“小寒暖,立春雪”“小寒寒,惊蛰暖”等。

侵袭线路

小寒大寒,冻成一团。

冷在三九,热在中伏。

腊七腊八,冻死旱鸭。

腊七腊八,冻裂脚丫。

三九、四九,冻破碓臼。

大雪年年有,不在三九在四九。

三九、四九不下雪,五九、六九旱还接。

腊月三场白,来年收小麦。

腊月三场白,家家都有麦。

腊月三白,适宜麦菜。

腊月大雪半尺厚,麦子还嫌被不够。

九里雪水化一丈,打得麦子无处放。

九里的雪,硬似铁。

腊月三场雾,河底踏成路。

三九不封河,来年雹子多。

小寒胜大寒,常见不稀罕。

小寒节,十五天,七八天处三九天。

天寒人不寒,改变冬闲旧习惯。

一早一晚勤动手,管它地冻九尺九。

不怕家里少,就怕不去找。

草木灰,单积攒,上地壮棵又增产。

干灰喂,增一倍。

腊月栽桑桑不知。

麦苗被啃,产量受损。

避免畜啃青，认真订奖惩。

牛喂三九,马喂三伏。

薯菜窖，牲口棚，堵封严密来防冻。

数九寒天鸡下蛋，鸡舍保温是关键。

小寒大寒,冷成冰团,

小寒不寒,清明泥潭。

小寒时处二三九，天寒地冻北风吼。

窖坑栏舍要防寒，瓜菜薯窖严封口。

盼春

斗鸡

一说是以善打善斗而著称的珍禽，两雄相遇或为争食，或为夺偶相互打斗时，可置生死于度外，战斗到最后一口气。另一说是供竞赛和娱乐用的鸡品种。亦指游戏。

图书在版编目(CIP)数据

趣味实用的节气农谚 / 吴雅楠编著. -- 长春 : 吉林出版集团股份有限公司, 2014.7

(流光溢彩的中华民俗文化 : 彩图版 / 沈丽颖主编)

ISBN 978-7-5534-5078-0

Ⅰ. ①趣… Ⅱ. ①吴… Ⅲ. ①二十四节气－基本知识②农谚－汇编－中国 Ⅳ. ①P462②S165

中国版本图书馆 CIP 数据核字(2014)第 152309 号

流光溢彩的中华民俗文化(彩图版)

趣味实用的节气农谚

作　　者 吴雅楠
出 版 人 吴　强
责任编辑 陈佩雄
开　　本 710×1 000mm 1/16
字　　数 150 千字
印　　张 10
版　　次 2014 年 7 月第 1 版
印　　次 2023 年 4 月第 4 次印刷
出　　版 吉林出版集团股份有限公司
发　　行 吉林音像出版社有限责任公司
　　　　 吉林北方卡通漫画有限责任公司
地　　址 长春市福祉大路 5788 号
发　　行 0431-81629667
印　　刷 鸿鹄（唐山）印务有限公司

ISBN 978-7-5534-5078-0　　定价：45.00 元